U0038285

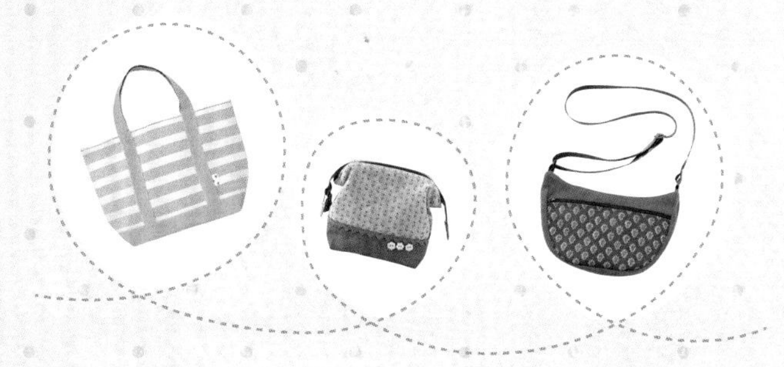

因為每天都要使用，
所以希望能夠打造適合自己的實用包包！
想要……
「有很多口袋」
「能夠牢牢關緊的安心袋口」
「可自由調整長度」……

每個細節，
都是針對個人的使用習慣設計，
一起製作專屬於你的手作包吧！

實用度最高！

設計感滿點の
手作波奇包

Contents

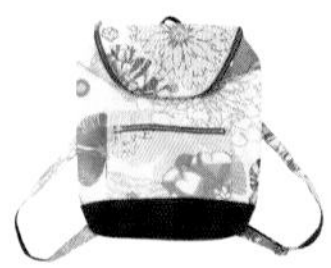

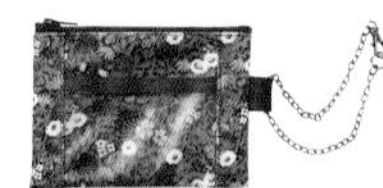

袋物製作基礎

開始製作之前，先預習基礎知識。若事先將重點記下，就能讓製作過程更加順利喔！

袋物各部位名稱

在製作袋物時，經常會出現的各部位名稱。

提把
也稱作持手或把手。

裡袋
接縫於包包內側的袋子。車縫前稱為「裡布」。

表袋
包包外側袋身的部分。車縫前的狀態稱為「表布」。尚未與裡袋接合時，則會被標記為「本體」。

袋口
將物品放入或拿出的開口處。

袋底
包包的底部。

側身
為了使包包側面具有一定的厚度所車縫的部分。

袋物＆收納包的建議使用布料

為了適合作品與期望的樣子，請選擇喜歡的布料。

帆布
使用粗線緊密編織而成的厚實布料，材質通常是棉或麻。號數越小則厚度越厚，若使用家用縫紉機車縫，建議選擇大約11號左右的帆布。

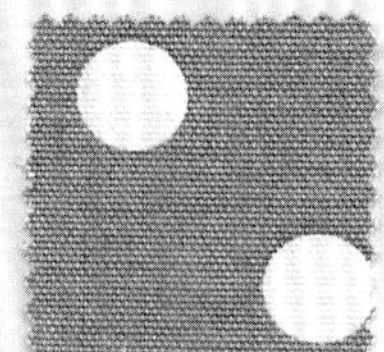

印花帆布
已經印上圓點、條紋或是LIBERTY印花……等圖案的布料，也非常適合用於製作包包。

棉布
平織布，宛如絹布般滑順艷麗的優質薄布，其中以LIBERTY的Tana 棉布較為知名。若想作為表布使用，請事先於背面熨燙接著襯。

學生布
使用有色經紗與白色緯紗平織而成，帶有白色紋路的布料。推薦使用於裡布。

亞麻布
以亞麻纖維編織而成的布料。有韌度、觸感柔軟且富有彈性，色彩選擇十分豐富，吸水性也相當優異。

印花棉布
泛指於平織棉布或滌棉絨布等棉布表面印上圖案的布料。推薦使用於一般袋物或收納包的表布與裡布。

鋪棉布
於兩片布料之間夾入棉花並車縫固定的布料。可製作輕巧且具緩衝性的袋物或收納包。

必備工具

準備好製作袋物的必備工具吧！

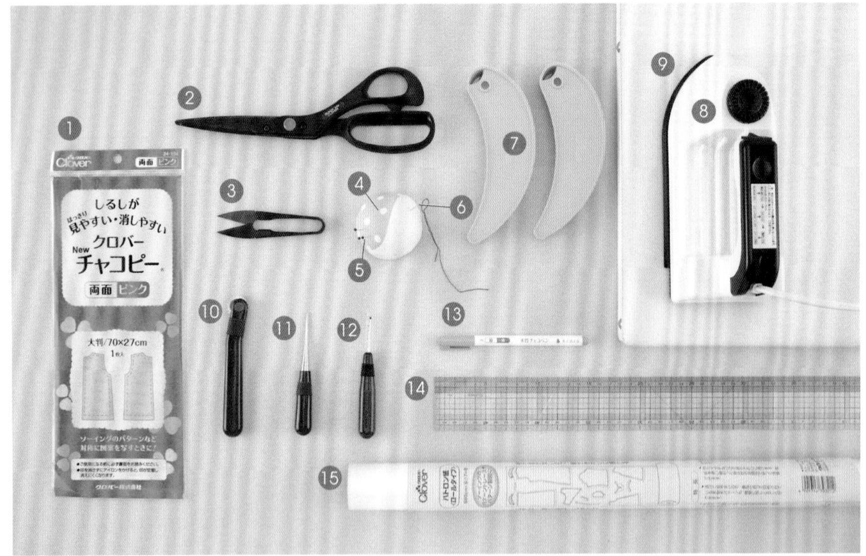

Clover
しるしが 見やすい・消しやすい
New クロバー
チャコピー
両面 ピンク
大判/70×27cm

❶布用複寫紙…可於布料上描繪版型。配合點線器一起使用。❷裁布剪刀…裁剪布料專用的剪刀。由於剪過紙張後，就會變得不鋒利，所以請多加留意，避免交替使用。❸線剪…用於剪斷縫線的剪刀。❹針插…可將暫時不用的縫針插入，也有防止生鏽的作用。❺珠針…固定兩片以上的布料時所使用的針。❻手縫針…手縫專用的針。❼布用文鎮…描繪紙型時，固定布料所使用的紙鎮。❽熨斗…用於燙整布料與摺痕定型。❾燙衣板…請與熨斗搭配使用。❿點線器…滾動波浪狀的刀刃，即可畫出記號。⓫尖錐…方便用於翻出布料角落等較細微的工作。⓬拆線器…刀刃呈現U字形，用於拆除車縫好的縫線。⓭消失筆…可直接於布料上描繪線條的筆。分成水消與氣消兩種。⓮定規尺…事先準備好上面印有方格標示，長度約50cm的長尺，操作起來會更為便利。⓯透光紙…描繪附錄原寸紙型所需要較薄的可透光紙，也可使用描圖紙替代。

整理布紋

從店家購買來的布料，有時布紋會歪曲的情形，
若在製作前先整理布紋，就能夠完成漂亮的作品。

※若是聚脂纖維材質，則無需先浸水（預濕）。
依據不同的材質，整理方式也不盡相同，因此請先向店家確認。

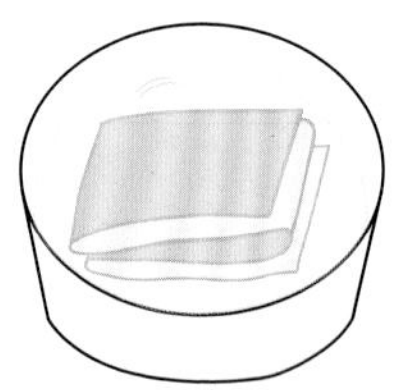

浸水

將Z字形摺疊的布料浸泡在大量水中約一小時。

布料（背面）

陰乾

稍微扭乾，避免布紋歪曲，陰乾至整理完後呈現半乾狀態的程度。

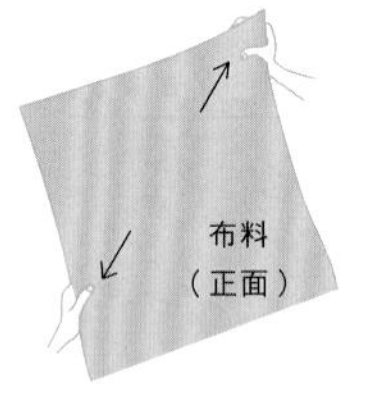

布料
（正面）

整理布紋

斜向拉扯布料直到布紋呈現直角為止。

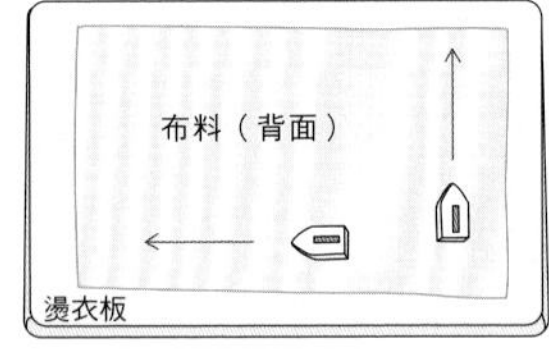

布料（背面）
燙衣板

熨燙

以熨斗沿著布紋，由布料背面熨燙以整理布紋。

裁布

製作紙型並裁布吧！※紙型的作法請見P.48。

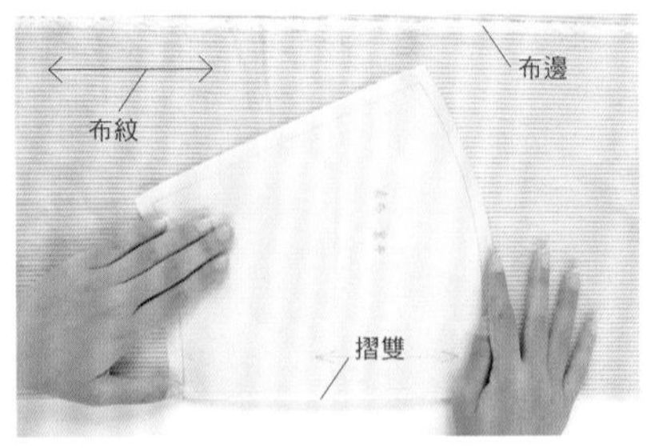

布邊
布紋
摺雙

將紙型放置於布料上

將紙型對齊布料的布紋，放置於布料之上。標記「摺雙」處對齊布料摺起的山線。

以珠針固定

將紙型平整攤開，邊緣以珠針固定。固定時稍微以珠針挑起紙型與布料即可。

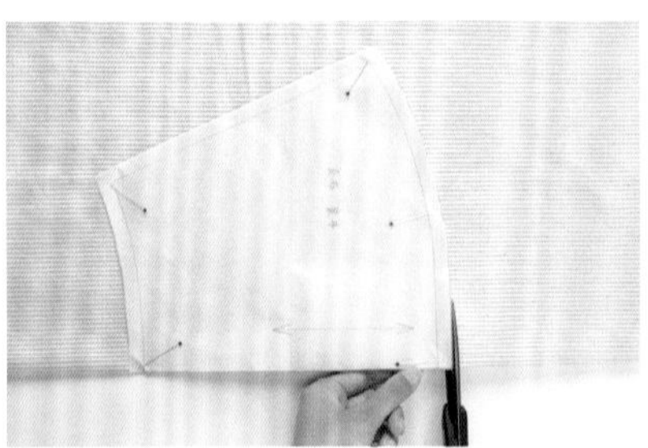

裁布

由布料邊緣開始以裁布剪刀沿著紙型裁布。由於移動布料容易導致布紋移動，所以若想要從別的角度裁布，請移動身體到容易裁布的位置進行裁布。

工具提供/Clover（熨斗・燙衣板除外）

接著襯

將接著襯貼於裁布圖上的指定處。

何謂接著襯？

通常為了使布料有一定的挺度、補強布料或是防止變形，會於布料背面貼上接著襯。因為接著襯底布具有黏膠，透過熨斗加熱的方式即可附著於布料上。根據底布種類的不同，使用後的效果也會有所不同。由於接著襯也有各種厚度，因此請根據想要製作的袋物風格來選擇適合的接著襯吧！

●建議使用於袋物&收納包的接著襯類型

柔軟
硬挺
蓬鬆

平織布型

底布由紡織而成，由於具有布紋，因此必須與想使用的布料對齊布紋後再貼合。適合用於表布，成品觸感柔軟。

不織布型

底布纖維是以各種方向交織而成的。幾乎從任何角度裁剪都可以，能展現較堅挺的質感。

接著棉襯

將棉花壓成薄片再塗上黏膠，就可以作出蓬鬆的質感。另外有一種與接著棉襯相似的稱為「棉襯」，但棉襯的背面材質為不織布且無背膠。

● 黏貼方式

接著襯
布（背面）

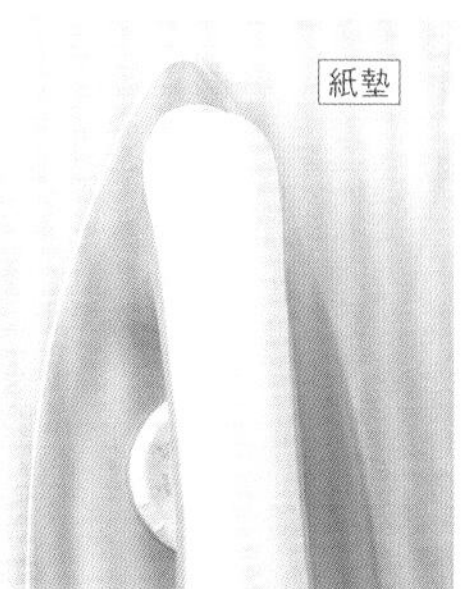
紙墊

測量好想要黏貼的部分後裁剪接著襯。布料背面對齊接著襯黏膠面，隔著紙墊以熨斗按壓式黏貼。以身體的重量進行熨壓，就能漂亮地黏合。

Point

○

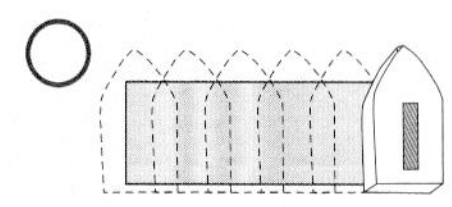

請勿以滑動方式熨燙，而是熨壓一處後，拿起熨斗，再毫無間隙的熨壓下一處。

×

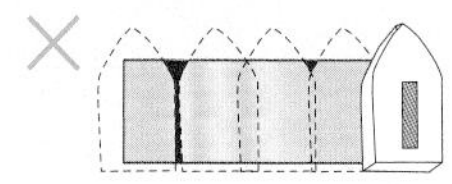

當有間隙產生時，由於該處的布料與接著襯尚未貼合，從正面看時質感也會有所差異。

布・線・針的關係

配合使用布料來選擇適當的針、線吧！

	薄質	一般	厚質
布料	棉布……等	亞麻 平織布 滌棉絨布 學生布……等	11號帆布 8號帆布 鋪棉布……等
線材	90號	60號	30號
縫針	9號	11號	14號

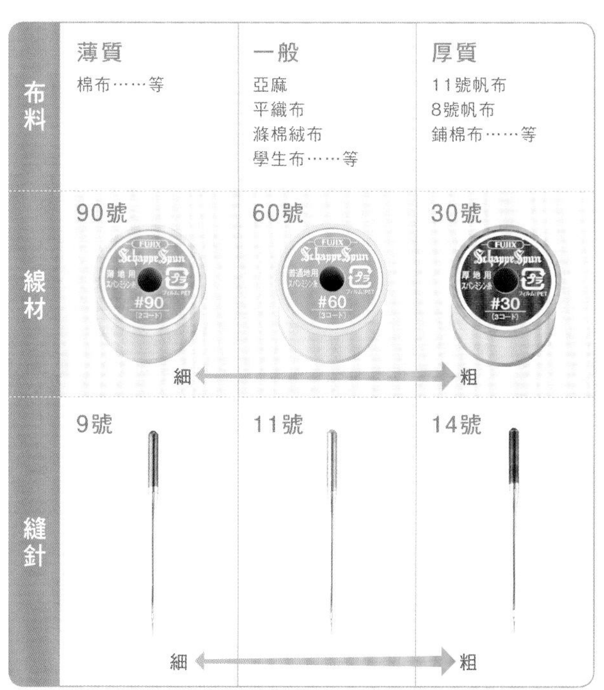
細
粗
細
粗

工具贊助／線…FUJIX、針…Clover

布料的對齊方式

由於在作法中經常出現，所以請將它記下來吧！

（背面）
（正面）

背面相對

將兩片布料的背面相貼，正面各自朝外相互對齊。

（正面）
（背面）

正面相對

將兩片布料的正面相貼，背面各自朝外相互對齊。

固定珠針的順序

使布料不易位移的固定順序。

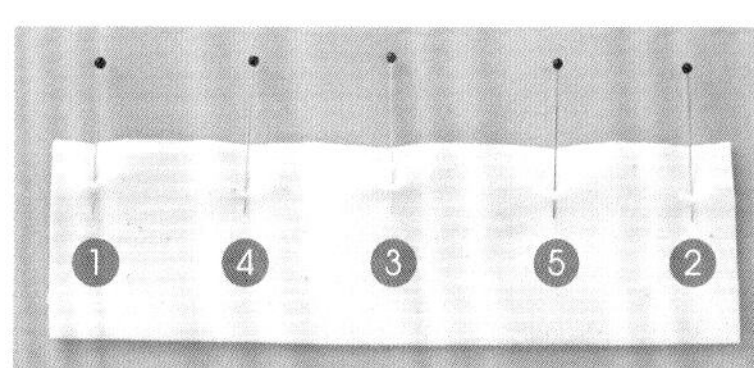
❶
❹
❸
❺
❷

首先以珠針固定兩端（❶・❷）。然後再固定❶和❷的中心（❸）。最後分別固定❶和❸及❷和❸的中心（❹・❺）。

縫份處理

為了防止布邊脫線，縫份也要認真處理喲！

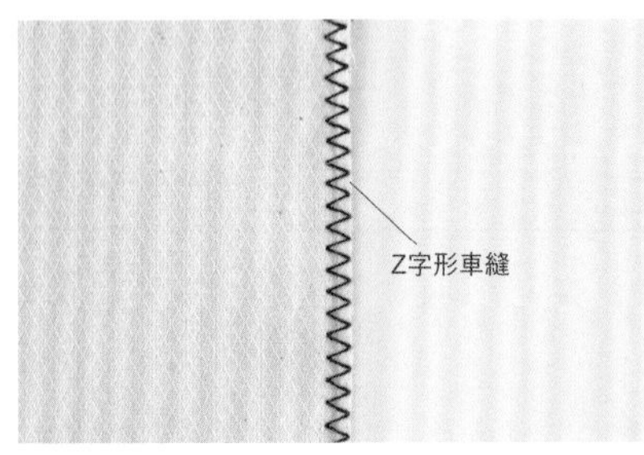
Z字形車縫

Z字形車縫

將縫紉機的樣式更改為Z字形，車縫布邊。

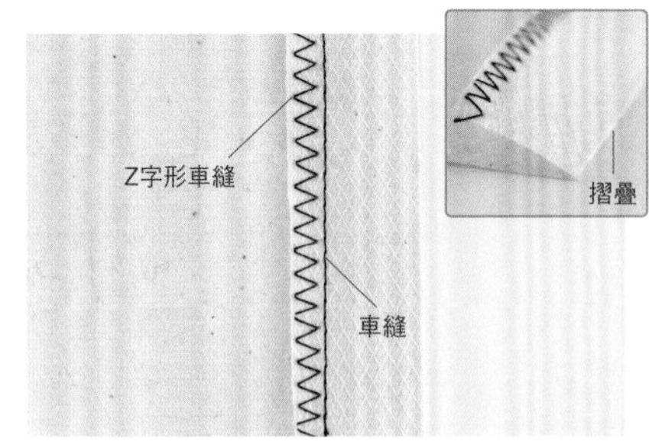
Z字形車縫
車縫
摺疊

二摺邊車縫

摺疊布邊一次。由於布邊依然外露，因此先以Z字形處理後再車縫。

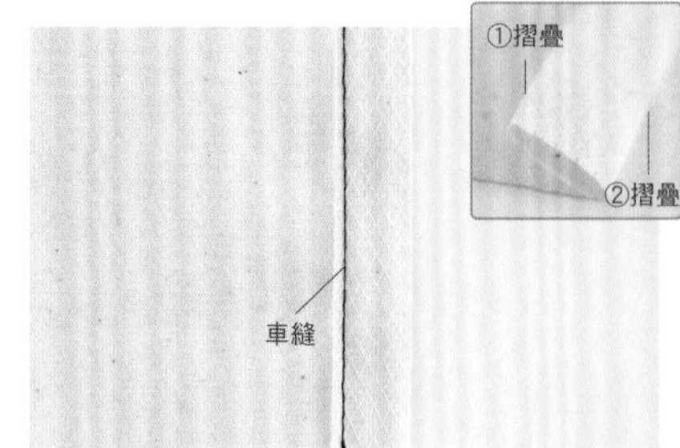
①摺疊
②摺疊
車縫

三摺邊車縫

布邊摺疊兩次後再車縫。布邊會被包入內側，因此從外側看不見。

熨斗的熨燙方式

車縫後以熨斗燙整縫份。由於熨燙後能大幅提升產品完成度，因此請確實以熨斗熨燙吧！

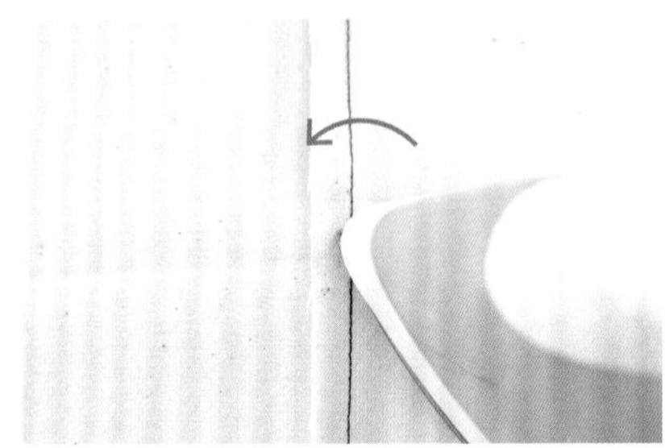

壓平

縫合後的縫份（兩片以上）統一摺向一側。

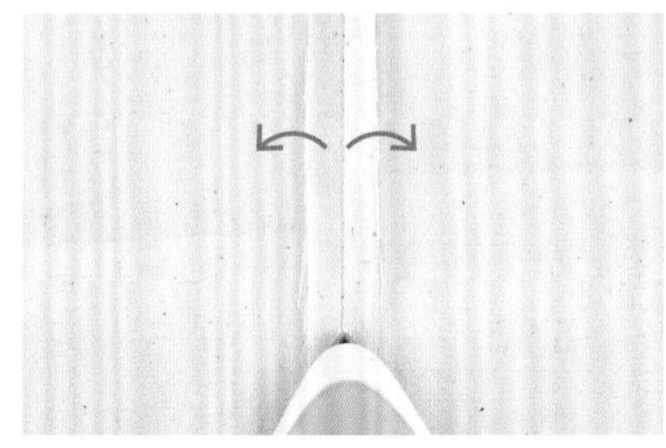

燙開

打開縫份，分別摺向左右。

基礎手縫

就算使用縫紉機，有時還是需要以手縫方式製作，請確實地記下來吧！

打結

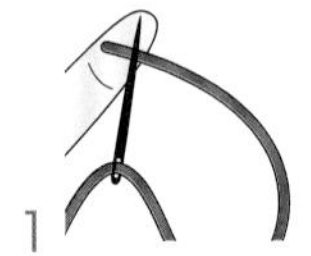

1 將縫針與線頭放置在食指上。

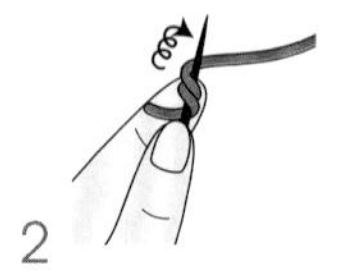

2 以大拇指壓住針與線頭，以線繞針兩圈。

3 以拇指和食指捏住捲起的線，直接抽出縫針。

止縫結

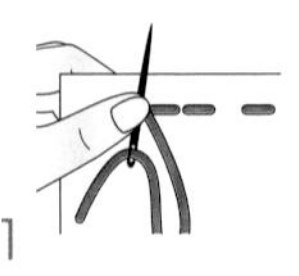

1 以手指將縫針輕壓於縫好後的縫線邊緣。

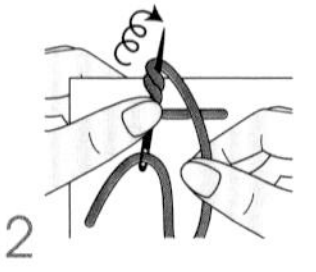

2 以線繞針兩圈。

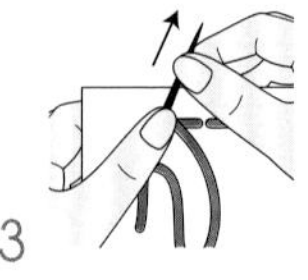

3 以手指壓住捲起的線，直接抽出縫針。

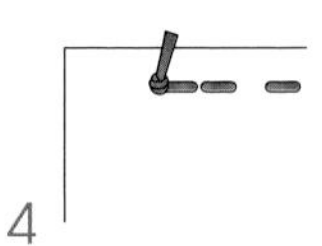

4 留下0.2至0.3cm的線頭後將縫線剪斷。

平針縫

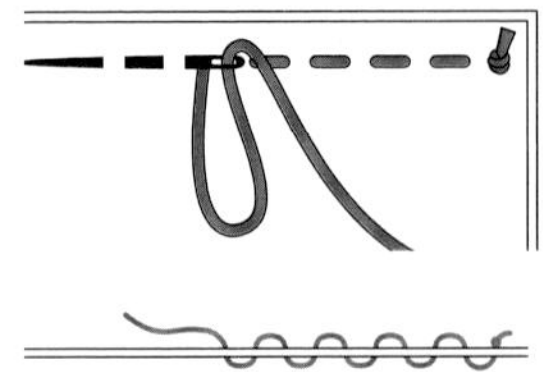

一邊將針穿入布中一邊運針，正面與背面露出的針目長度相同，是一種常見的手縫方式。

半回針縫

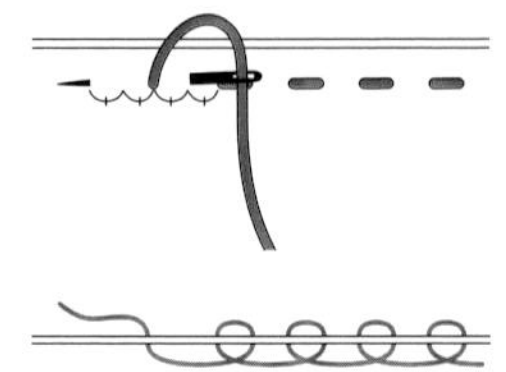

往前半針穿入，接著再從1.5倍針長的後方穿出。比起平針縫更加牢固。

回針縫

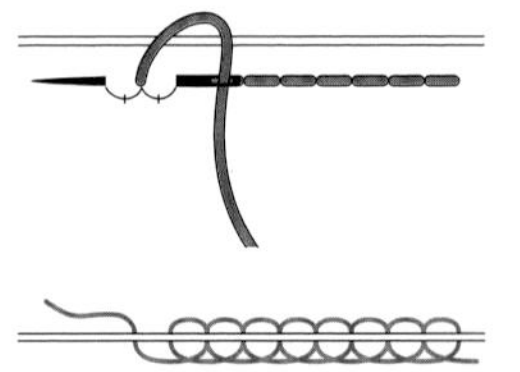

往前一針穿入，接著再從兩針長的後方穿出。以牢固性而言，比半回針縫更加可靠。

藏針縫

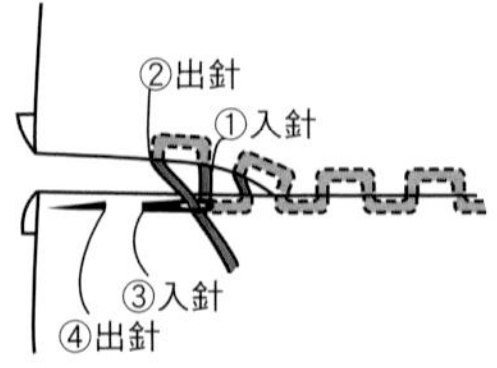
②出針
①入針
③入針
④出針

對齊兩片布料的山線，交互挑縫布的邊緣，從正面看不見縫線。

Part 1

方便使用の實用派

托特包

不論是工作或購物，
每天都適合使用的托特包。
由於款式簡單，
所以在布料選擇上多花點心思吧！

tote

使用便利！
較長的提把可以輕鬆肩背。
裡面設計了許多口袋，方便收納整理。

成熟風鋪棉托特包

具有寬敞袋口，
使用便利的長形鋪棉托特包。
鋪棉材質就算不黏貼接著襯也不易變形，
非常容易處理，耐用輕巧，
相當受到歡迎。

Design&Make　sewsew　新宮麻里
How To Make　P.49

tote

使用便利！

將重要的物品放在有拉鍊的口袋，
會立刻用到的東西則放在側面口袋。

復古帆布托特包

從側身延伸到底部，
設計成整體寬度相同的托特包。
可裝下A4尺寸。
寬版的提把不僅肩背穩固，
手拿也相當方便。

Design&Make mini-poche 米田亜里
How To Make P.51

布料提供／帆布…Home Craft

tote

使用便利！

以堅挺的帆布製作就不容易變形啦！

橫條紋托特包

藍色橫條紋的帆布搭配雞蛋黃色提把與拼接袋底，
效果十分顯著，時尚的托特包。
除了平時使用，
即使是外宿一晚的小旅行，
稍大的容量，使用也剛剛好。

Design&Make　赤峰清香
How To Make　P.52

布料提供／fabric brid
接著襯／ Home Craft

馬爾歇包

馬爾歇包原本是指去市場購物時
所使用的購物籃。
從底部到袋口越來越寬廣，
宛如提籃般形狀的袋物，
容量也相當可觀呢！

marché

使用便利！

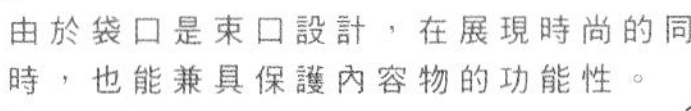
由於袋口是束口設計，在展現時尚的同
時，也能兼具保護內容物的功能性。

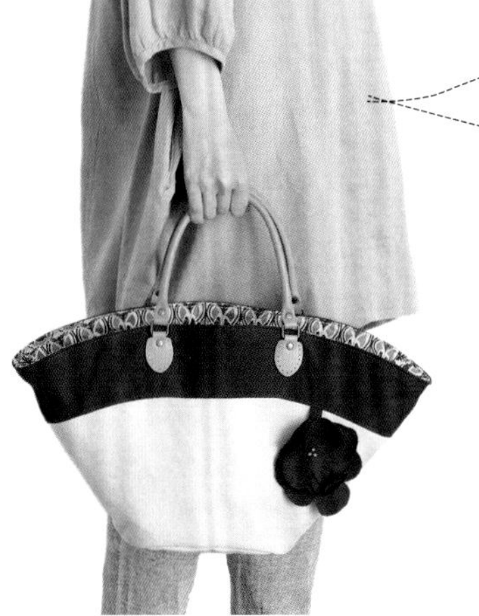

花朵馬爾歇包

貼邊設計上的花飾相當搶眼，
是女孩兒味十足的馬爾歇包。
大大的袋口所連接的是
以LIBERTY印花布料製作的束口布。

Design&Make　LUNANCHE　田中智子
How To Make　P.54

材料提供／提把…植村
亞麻混紡背包布…Nu:Hand Works

斜背包

能夠騰出雙手的便利斜背包。
除了短暫外出時可以使用之外，
也很適合使用於旅行……等用途。
因應不同場合就會想要製作
各種不同的款式。

shoulder

使用便利！

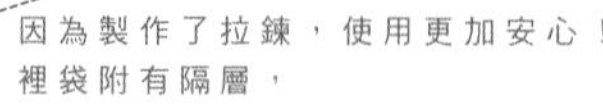

因為製作了拉鍊，使用更加安心！
裡袋附有隔層，
讓包包內部能夠整齊收納。

Travelling in London

平面小提包

貼身的長直造型，
給人清爽的感覺，
在外側及內側都設計了
便利的口袋。

Design&Make yu*yuおおのゆうこ
How To Make P.55

布料提供／帆布…Pres-de

shoulder

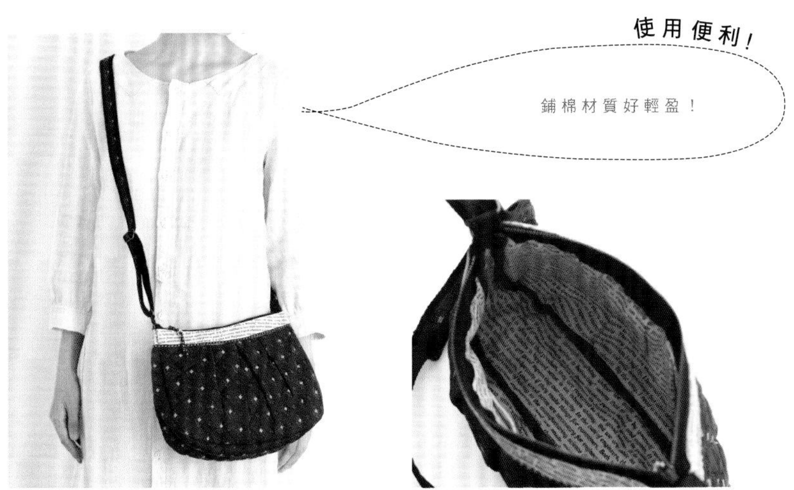
使用便利！
鋪棉材質好輕盈！

鋪棉抓褶肩背包

具有壓褶設計的圓弧時尚肩背包。
選用了鋪棉材質，
由於材質輕盈，不易造成肩膀疲累，
背起來更加輕鬆自在！

Design&Make sewsew新宮麻里
How To Make P.56

shoulder

Back Style

後側也有口袋！

使用便利！

只要掀開上蓋就能輕鬆拿取物品，
後側也設計了口袋，十分方便！

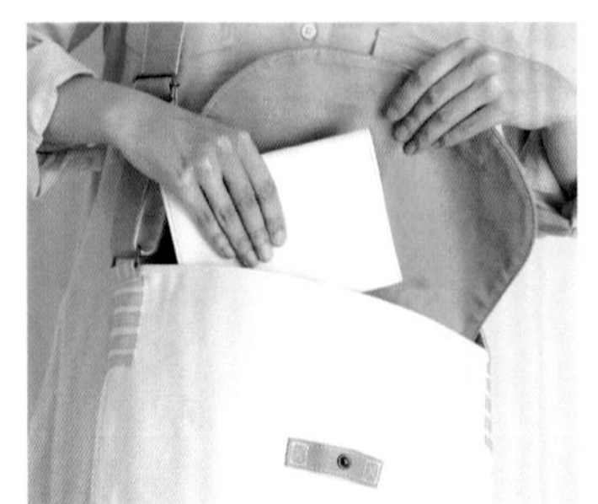

郵差包

有著大大上蓋的大容量郵差包，
黃色是本款的配色重點，
背帶就以日型環調整成適合的長度吧！

Design&Make　赤峰清香
How To Make　P.58

材料提供／帆布…清原、直條紋布料…北歐雜貨 空、
日型環・口型環・四合釦…日本紐釦

shoulder

Back Style

後側也有口袋！

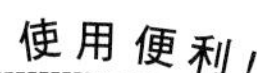

使用便利！

前、後兩側都設計了口袋，
內側也有唷！

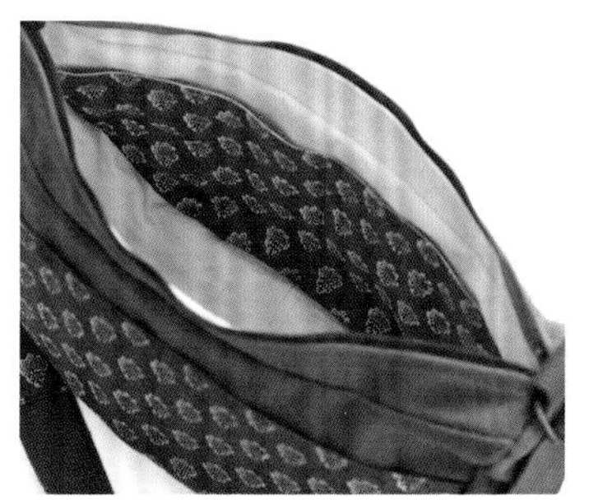

歐姆蕾包

宛如歐姆蛋般圓潤的線條非常可愛，
是相當受到歡迎的肩背包。
拉鍊開闔的袋口加上多口袋設計，
高機能性也是其魅力之一。

Design&Make yu*yu おおのゆうこ
How To Make P.60

材料提供／帆布…Home Craft、SOLEIADO（普羅旺斯印花布）
…merci、口型環・日型環…植村

祖母包

祖母包顧名思義
就像老奶奶提的包包一般，
圓圓蓬蓬的溫潤外型
帶著些許復古的氛圍。

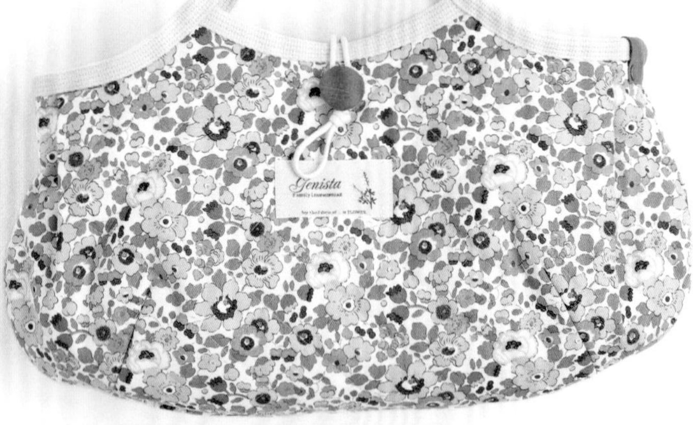

granny

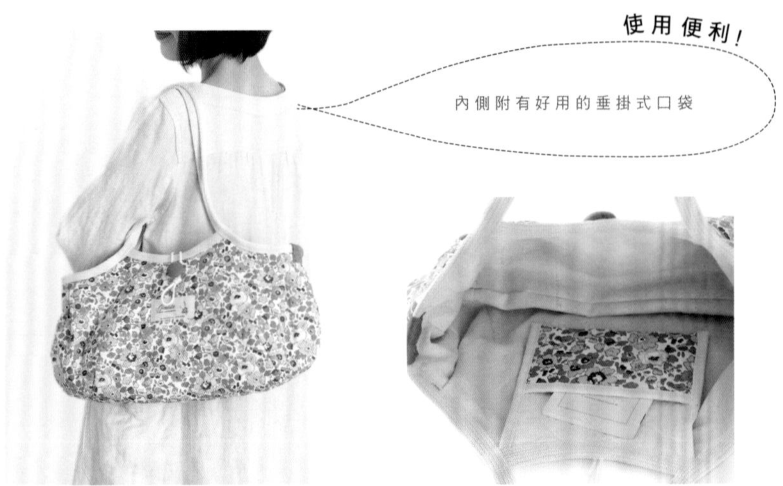
使用便利！
內側附有好用的垂掛式口袋

LIBERTY印花祖母包

運用袋口的抽褶與底部的褶襉，
作出圓潤形狀的可愛祖母包。
由於提把是直接以袋口滾邊製作，
因此連接簡單，
而且長度也非常適合肩背喔！

Design&Make Love*lemoned*
How To Make P.59

granny

使用便利！
可大大打開的袋口，
尋找物品也好方便！

格紋抽褶祖母包

有溫度的木製提把
營造出懷舊氣氛的手提式祖母包。
寬廣的側身可容納更多物品，
所以就算行李再多也不怕！

Design&Make　mocha 茂住結花
How To Make　P.62

提把提供…植村

鬱金香包

鬱金香形狀的提包。
由於是大容量的款式，
將提把作得稍長，
如此肩背就更方便了！

tulip

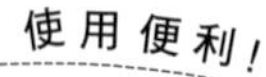

使用便利！

由於可肩背，因此攜帶性高！
較深的袋身可容納更多的物品。

長提把鬱金香包

袋物的設計重點在於
提把圍繞袋身車縫，
裡袋選用了尼龍布，
具有不易弄髒的優點。

Design&Make　sewsew　新宮麻里
How To Make　P.63

tulip

使用便利！

除了內部口袋之外，
側身也有可立刻拿取的口袋。

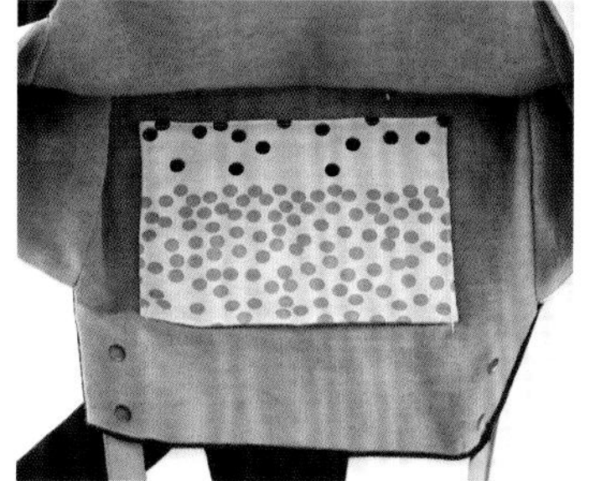

寬版鬱金香包

橫向設計的鬱金香包。
將袋口夾車的緞帶隨意打結
即可關上包包。
其中一側還有便利的側身口袋呢！

Design&Make mocha 茂住結花
How To Make P.64

提把&固定零件

在此介紹製作袋物時十分便利的提把&常用零件的安裝方法。

提把の種類

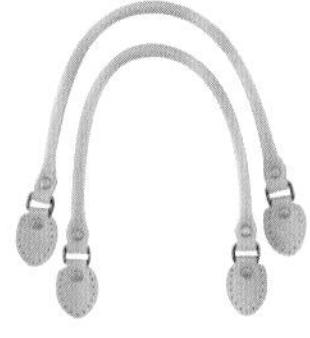

真皮・合成皮

半成品的真皮與合成皮製提把（圖片為真皮）。從手縫接合到需使用鉚釘……等零件固定的款式都有，種類相當豐富。

編織繩・織帶

將棉或壓克力材質的織帶與繩子裝上問號鉤與日型環等零件的半成品提把。由於可以調整長度，所以適用於肩背包。

木製

也稱作木提把。有圈狀款式，也有U字形款式……等。

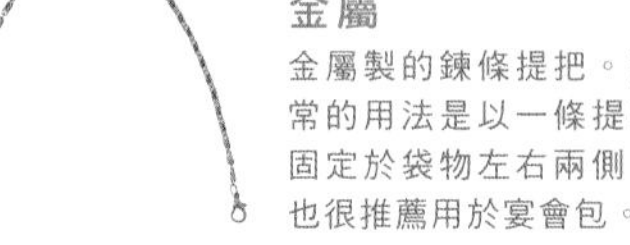

金屬

金屬製的鍊條提把。通常的用法是以一條提把固定於袋物左右兩側，也很推薦用於宴會包。

提把提供／植村

固定零件的組裝方式

磁釦

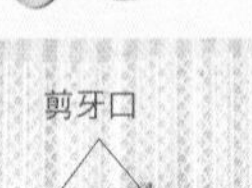
剪牙口

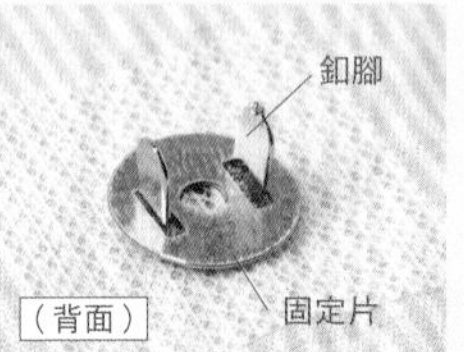
釦腳
（背面）
固定片

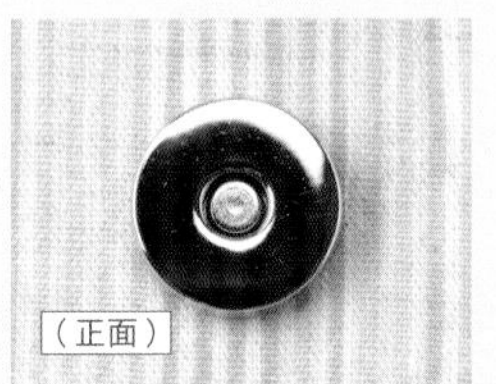
（正面）

1 將固定片置於磁釦組裝處背面，釦腳插入處以消失筆製作記號。由於需加強布料強度，因此請事先於布料背面貼上接著襯。

2 釦腳穿入處以剪刀剪出牙口。

3 從正面插入釦腳之後，於背面套上固定片，就像是要夾住布料般固定。

4 以鉗子……等工具將釦腳摺彎。

5 磁釦固定完成。

四合釦

※也稱為牛仔釦、壓釦。

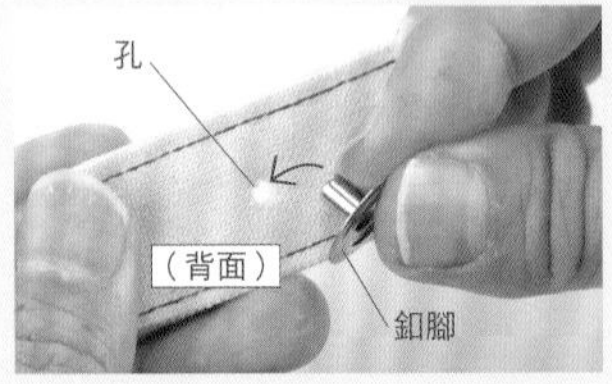
孔
（背面）
釦腳

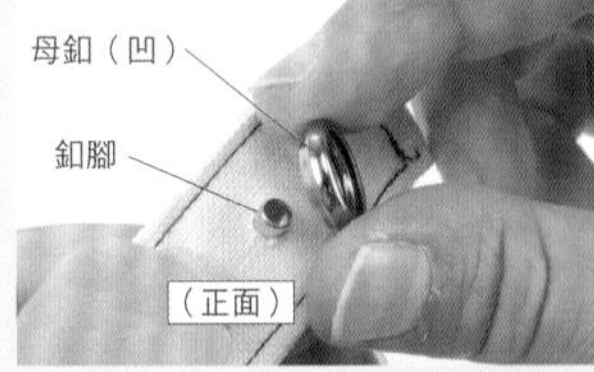
母釦（凹）
釦腳
（正面）

鎚子

（正面）

1 請先於組裝處以圓斬鑿出圓孔，並將公釦（凸）釦腳插入。

2 將母釦（凹）套上於穿過布料的釦腳（凸）。

3 母釦（凹）與公釦（凸）分別套上打具後，以鎚子敲擊固定，直至不會鬆動搖晃為止。

4 四合釦固定完成。

鉚釘

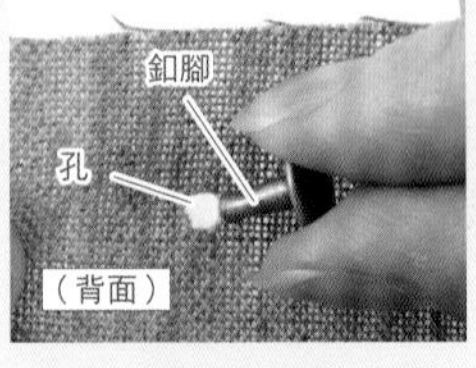
釦腳
孔
（背面）

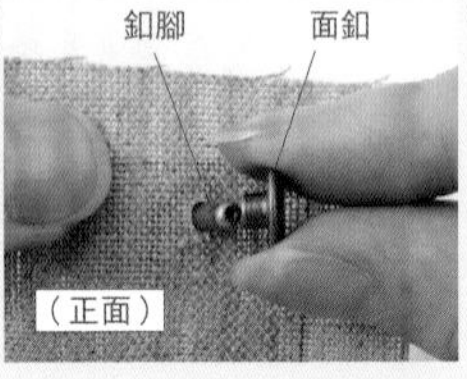
釦腳
面釦
（正面）

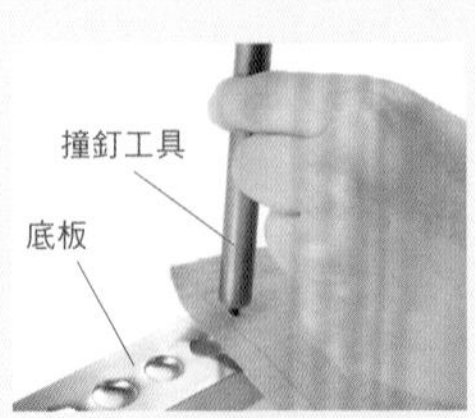
撞釘工具
底板

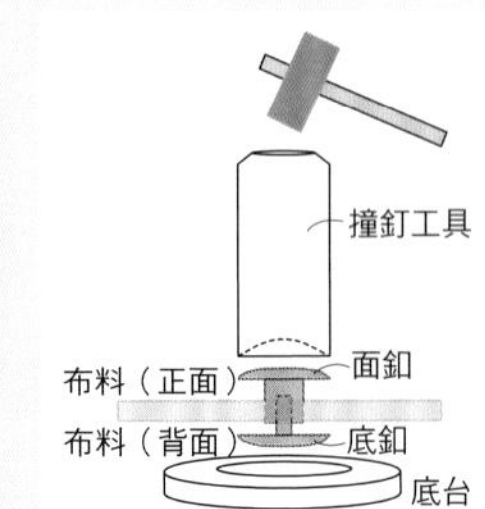
撞釘工具
布料（正面）
面釦
布料（背面）
底釦
底台

（正面）

1 以圓斬等工具於布料上鑿孔，釦腳由布料背面穿出。

2 由布料正面組裝面釦。

3 置於底板上，以撞釘工具壓住面釦再以槌子敲擊。

4 鉚釘固定完成。

Part 2

裝上它更耐用！
運用其他配件の袋物＆收納包

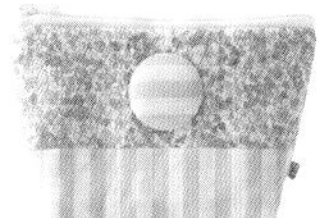
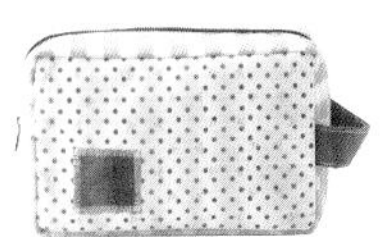

拉鍊

想要牢牢關緊袋口時，
建議使用的配件就是拉鍊。
一開始看起來似乎很難縫合，
但只要照著步驟作就沒有問題了！

圓弧收納包

沿著曲線接縫拉鍊的收納包。
只要將拉鍊拉開至底端，
袋口便可大大敞開是本款製作重點。

Design&Make　komihinata　杉野未央子（P.22・P.23）
How To Make　P.66　　mini lesson　P.26

5× OPTICAL ZOOM
16.0 MEGA PIXELS
Let's find
a pleasant thing.
LIP CREAM
RELAX
ROSE DU BONHEUR
SOLID PERFUME

經典款收納包

拉鍊兩側接縫於袋身的基本造型收納包，
底部車縫了寬度，因此大大增加了收納量。

How To Make　P.66　　mini lesson　P.25

材料提供／拉鍊…植村

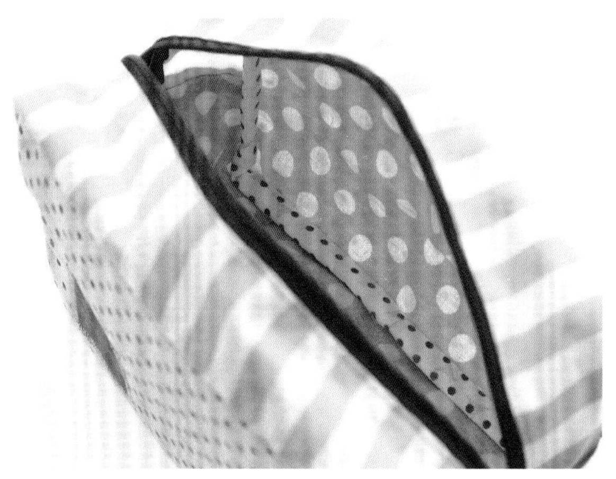

方形收納包

於拉鍊兩側接縫拉鍊口布的收納包，
因為增加了側身寬度，
所以就能收納更多東西囉！

How To Make P.67 mini lesson P.27

材料提供／拉鍊…植村

關於拉鍊

接縫於袋口&口袋開口的拉鍊。
在此將介紹拉鍊的基礎，
及P.22至P.23刊登的收納包中
所使用的三種接縫方式。

部位名稱

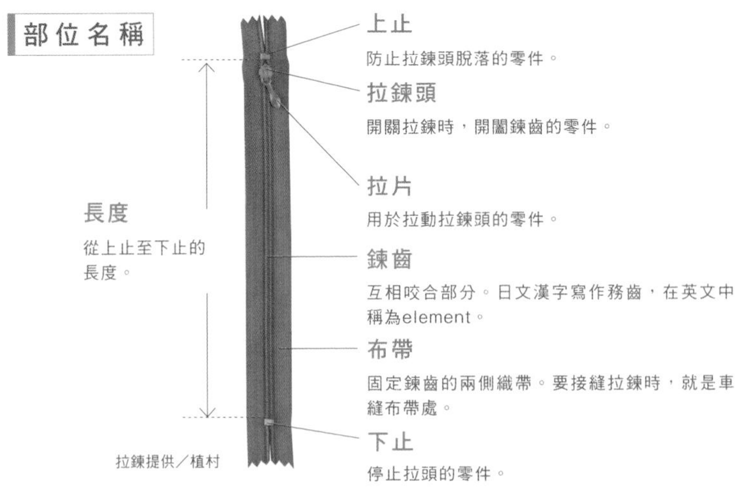

長度
從上止至下止的長度。
上止
防止拉鍊頭脫落的零件。
拉鍊頭
開關拉鍊時，開闔鍊齒的零件。
拉片
用於拉動拉鍊頭的零件。
鍊齒
互相咬合部分。日文漢字寫作務齒，在英文中稱為element。
布帶
固定鍊齒的兩側織帶。要接縫拉鍊時，就是車縫布帶處。
下止
停止拉頭的零件。
拉鍊提供／植村

拉鍊種類

塑膠拉鍊 鍊齒部分呈現線圈狀，使用聚脂樹脂或尼龍材質製作的拉鍊。

尼龍拉鍊
推薦用於製作包包或收納包的拉鍊。接縫簡單，由於是塑膠製品，可以剪刀裁剪，能輕易調整長度。

隱形拉鍊
從接縫處不易看見鍊齒的拉鍊，通常使用於洋裁製作。

VISLON拉鍊（塑鋼拉鍊） 每個鍊齒都很大，使用尼龍或聚脂樹脂等材質製作。
推薦用於製作袋物、收納包與連帽外套……等休閒服飾，比起金屬拉鍊更加輕盈是其特點。

金屬拉鍊 鍊齒部位是使用金屬材質製作的拉鍊。
建議用於袋物、收納包或長褲褲襠。鍊齒顏色有金色、銀色、復古金……等。

● 調整拉鍊長度 ●

※有些手藝用品店可以協助調整長度，像是VISLON拉鍊或金屬拉鍊……等調整較困難的款式，可請手藝用品店幫忙。

調整塑膠拉鍊

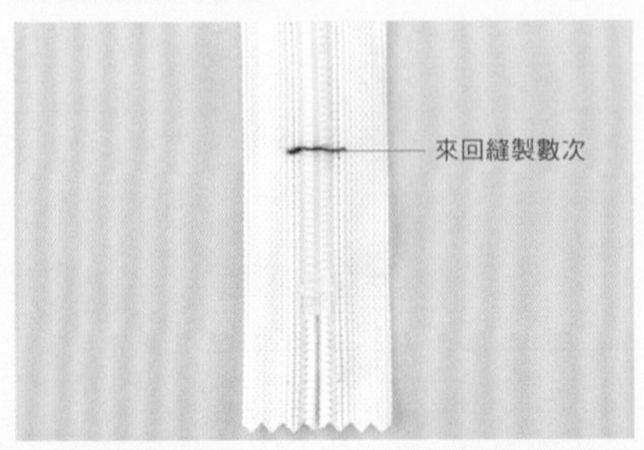

來回縫製數次

1 在想要調整長度的位置，以縫紉機或手縫來回縫合數次，以此縫線替代下止。

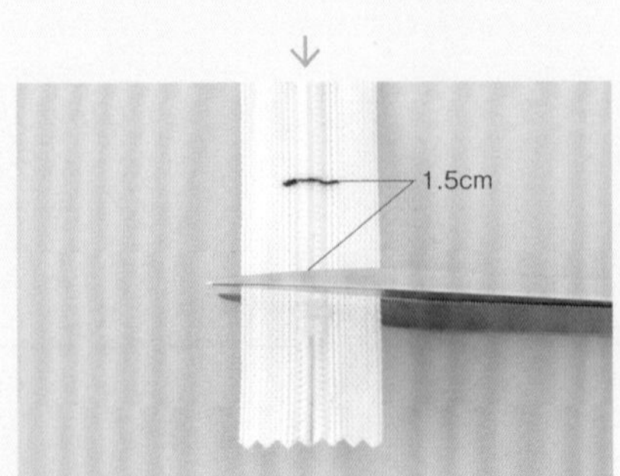

1.5cm

2 從縫線處下預留1.5cm長度後，以剪刀裁剪多餘部分。

已附下止零件

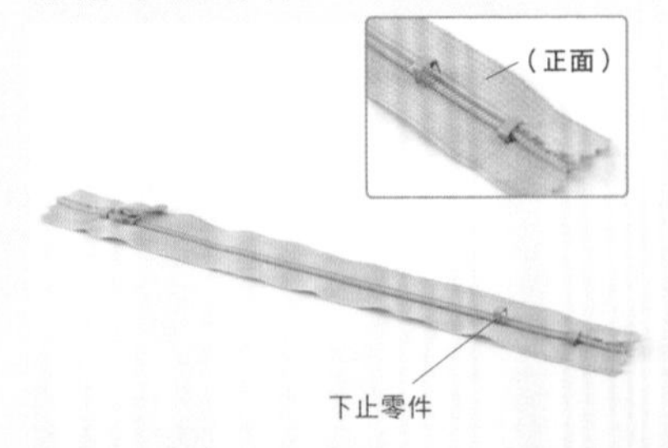

（正面）
下止零件

1 已附下止零件的拉鍊，可在想要的長度處插入下止。

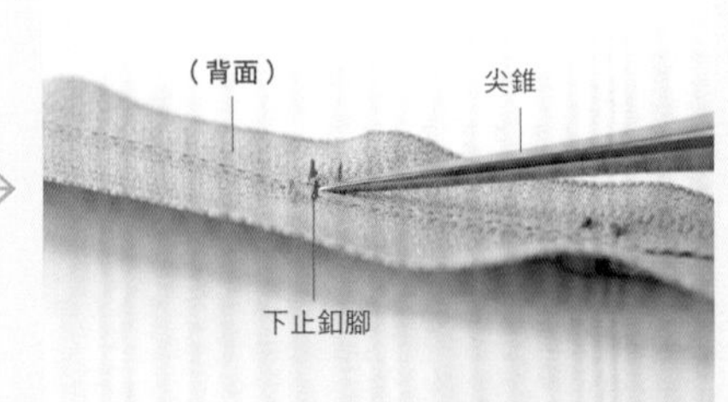

（背面）
尖錐
下止釦腳

2 將拉鍊翻過來，以尖錐輔助下止的釦腳穿出拉鍊。

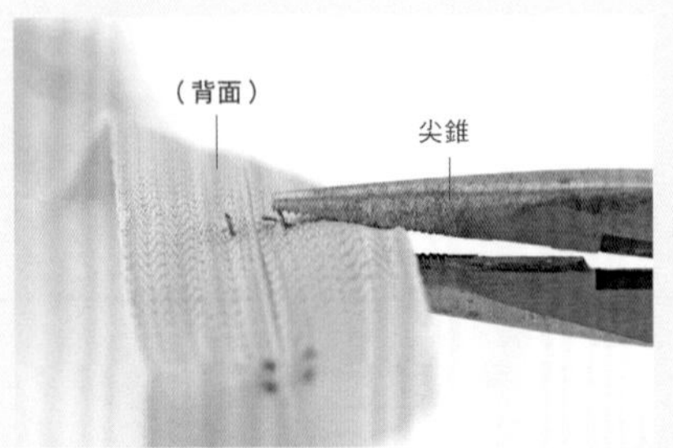

（背面）
尖錐

3 以鉗子將釦腳摺往中心。

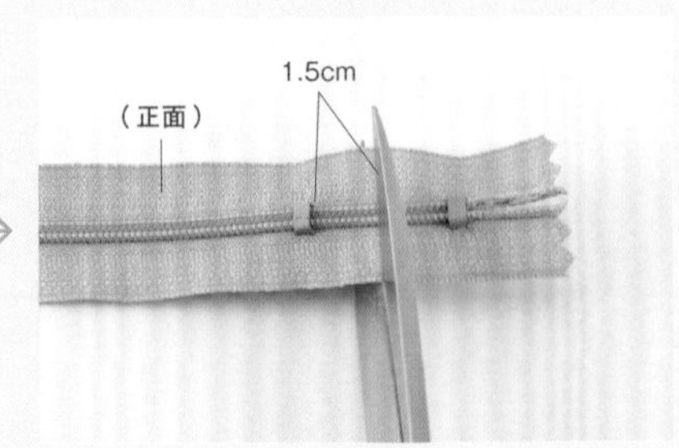

1.5cm
（正面）

4 從新的下止下方預留1.5cm長度後，以剪刀裁剪多餘部分。

• 接縫拉鍊 Lesson 1

P.22經典款收納包（拉鍊直接接合於袋物本體的方法）

指導／komihinata
杉野未央子（P.25至P.27）

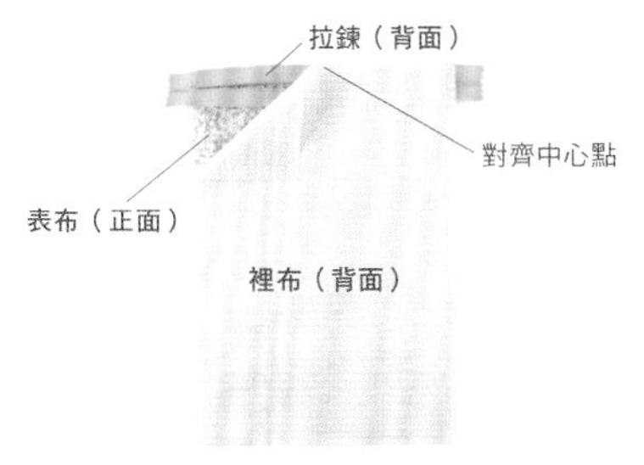
拉鍊（背面）
對齊中心點
表布（正面）
裡布（背面）

1 將表布與拉鍊中心以正面相對的方式疊合。上方再以裡布與表布正面相對疊合。

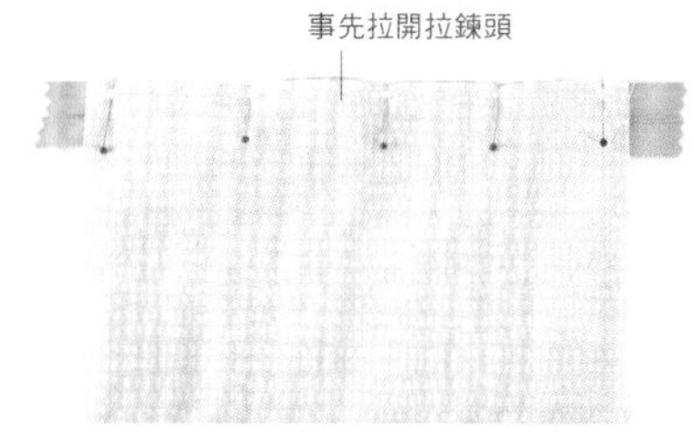
事先拉開拉鍊頭

2 以珠針固定表布、拉鍊與裡布，拉鍊頭則暫時先拉開至中間處。

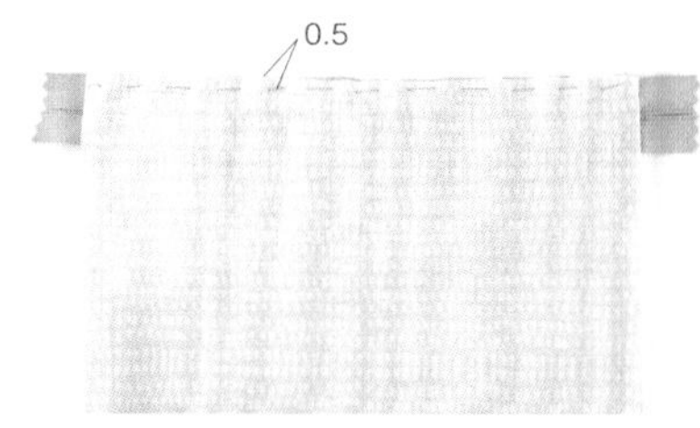
0.5

3 疏縫。

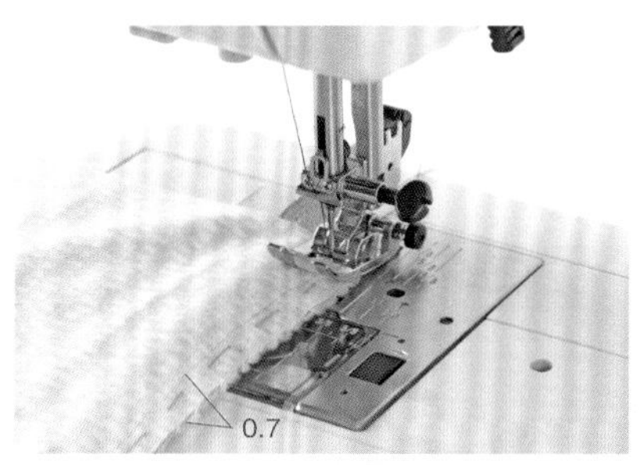
0.7

4 距離邊緣取0.7cm的縫份車縫，壓布腳沒有替換成拉鍊專用壓布腳也沒關係。

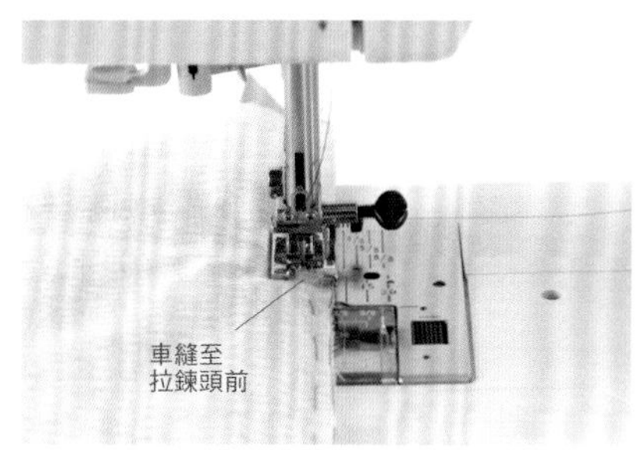
車縫至
拉鍊頭前

5 車縫至拉鍊頭前，先稍作暫停。

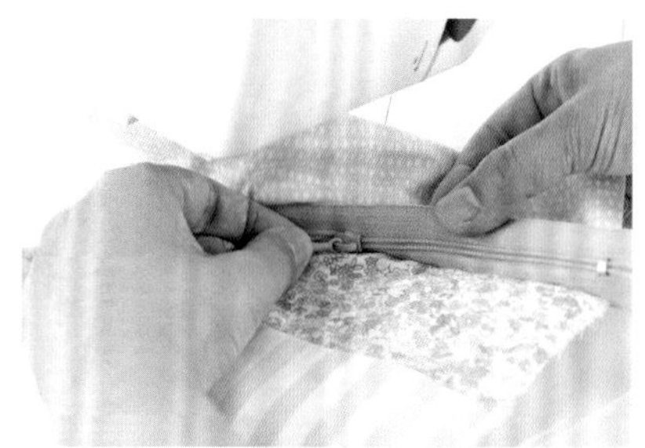

6 升起車針，抬起壓布腳，將拉鍊頭往更後面移動。

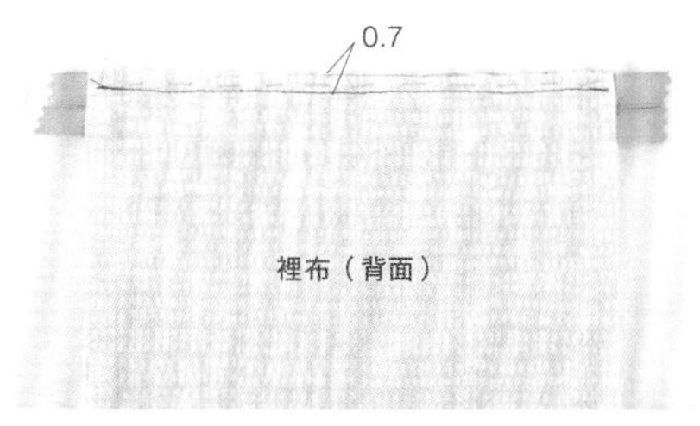
0.7
裡布（背面）

7 再次放下壓布腳，繼續車縫至末端。

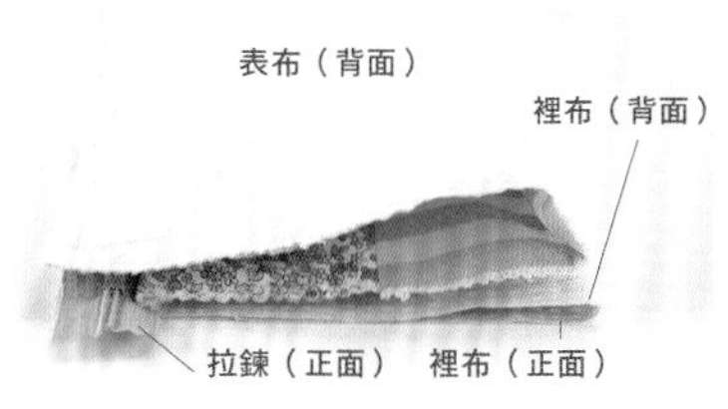
表布（背面）
裡布（背面）
拉鍊（正面）
裡布（正面）

8 表布與裡布各自正面相對摺疊，並夾入尚未車縫的拉鍊另一側布帶。

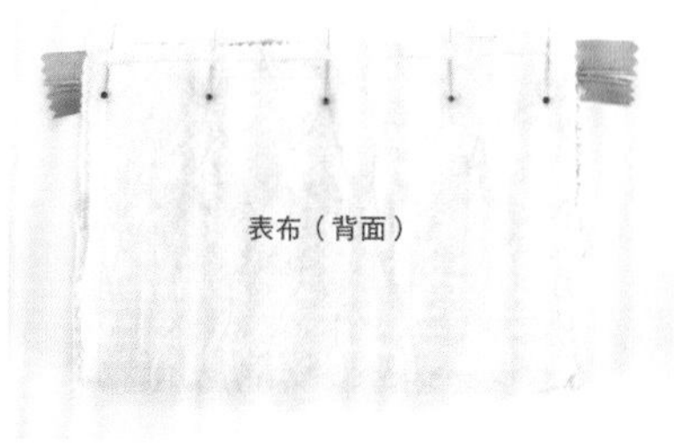
表布（背面）

9 與步驟2相同，以珠針固定好表布、拉鍊與裡布。

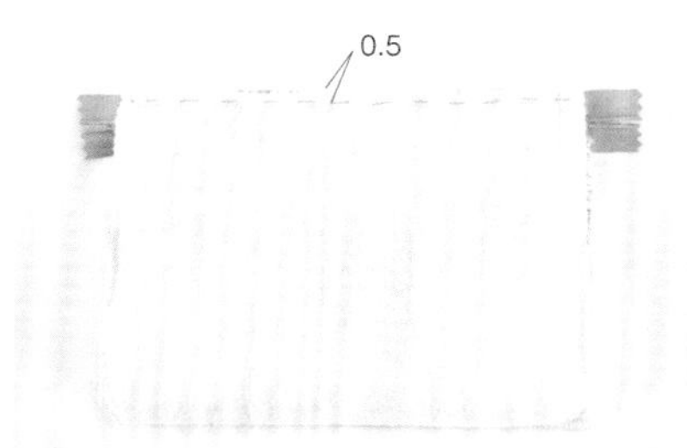
0.5

10 疏縫。

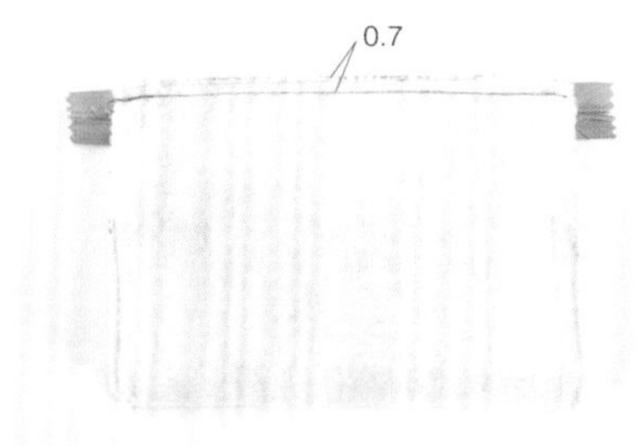
0.7

11 與步驟4至步驟6相同的方式車縫後，拆除疏縫線。

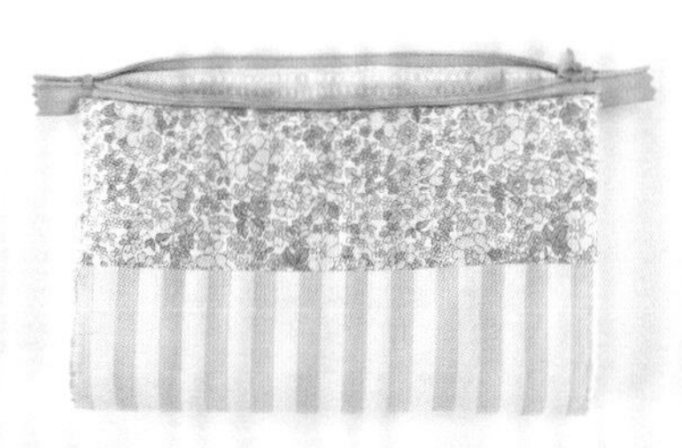

12 拉鍊接縫完成！

• 接縫拉鍊 Lesson 2

P.22圓弧收納包（於圓弧曲線上接縫拉鍊的方法）

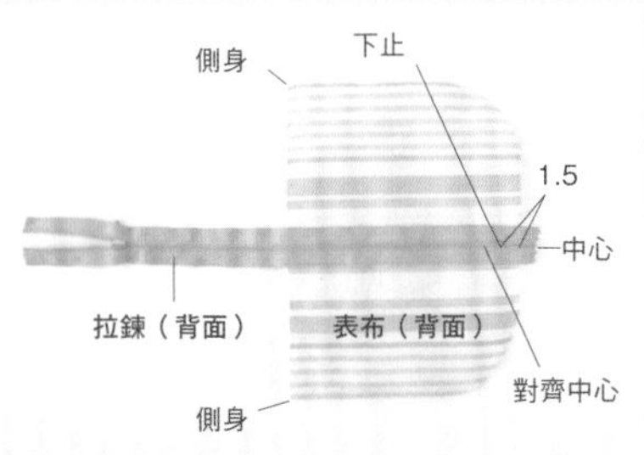

側身
下止
1.5
中心
拉鍊（背面）
表布（背面）
對齊中心
側身

1 對齊表布中心與拉鍊中心，拉鍊下止則距離表布邊緣約1.5cm。

裡布（背面）

2 將裡布與表布以正面相對的方向疊合於拉鍊上。

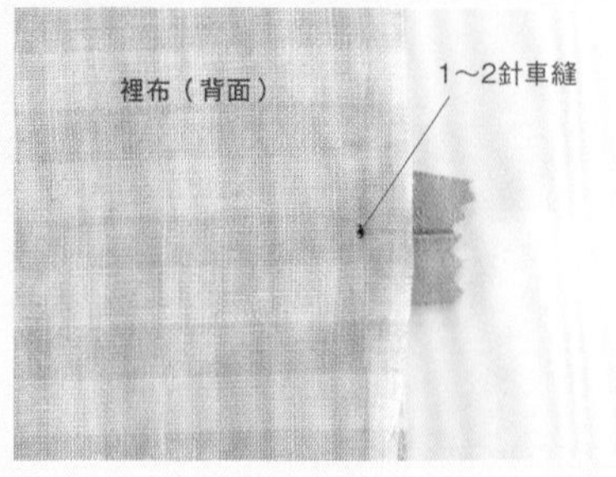

裡布（背面）
1～2針車縫

3 於中心與完成線交錯處車縫一至兩針。

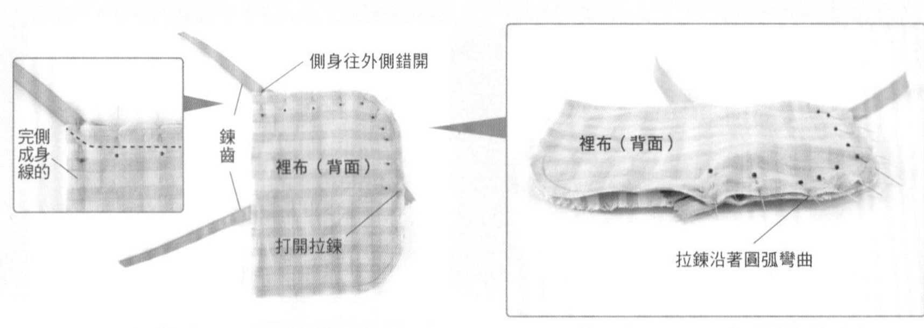

完成線的側身
側身往外側錯開
鍊齒
裡布（背面）
打開拉鍊
裡布（背面）
拉鍊沿著圓弧彎曲

4 打開拉鍊。將表布與裡布夾車拉鍊一側，並以珠針固定。圓弧處則將拉鍊布帶沿著布料邊緣的圓弧彎曲，並以珠針密集固定。邊緣為了不使完成線與鍊齒交錯，因此往外側錯開。

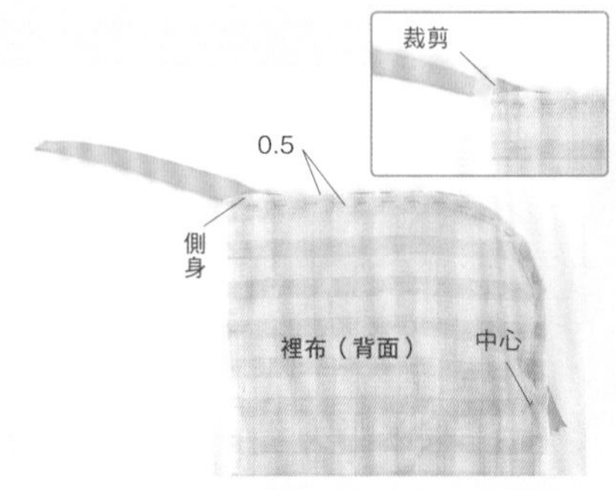

裁剪
0.5
側身
裡布（背面）
中心

5 進行疏縫，多餘的拉鍊則以剪刀剪斷。

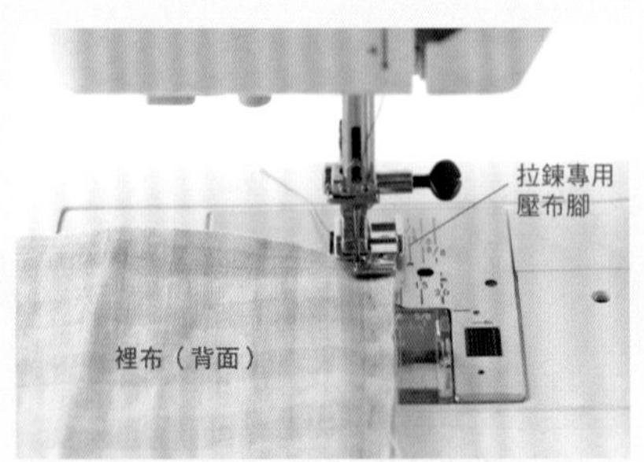

拉鍊專用壓布腳
裡布（背面）

6 將壓布腳換成拉鍊專用壓布腳，從側身往中心車縫。

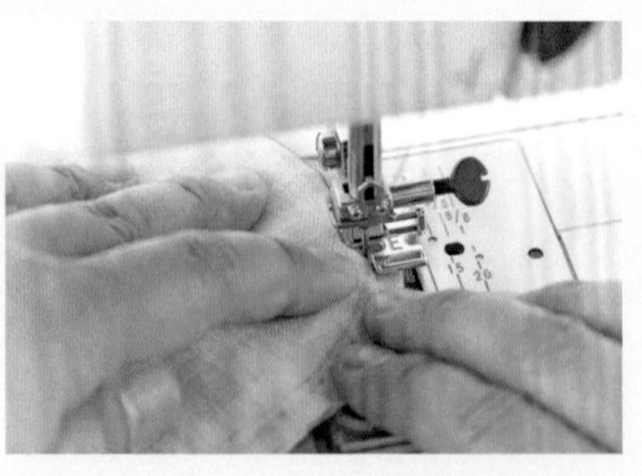

7 曲線處則以手指壓住縫份進行車縫，同時注意避免拉鍊的布帶產生皺褶。

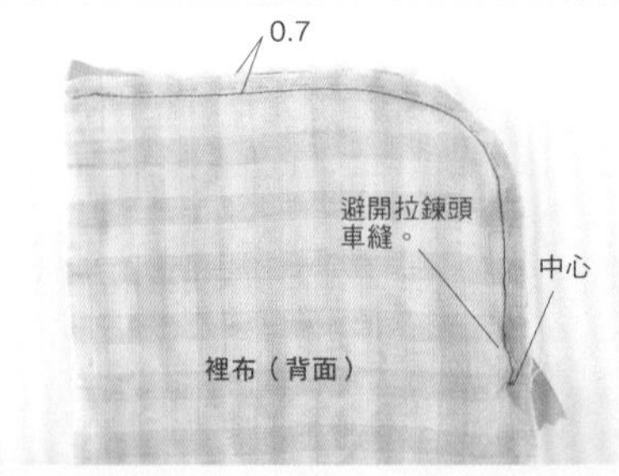

0.7
避開拉鍊頭車縫。
中心
裡布（背面）

8 車縫至中心，縫線末端錯開拉鍊頭上方。

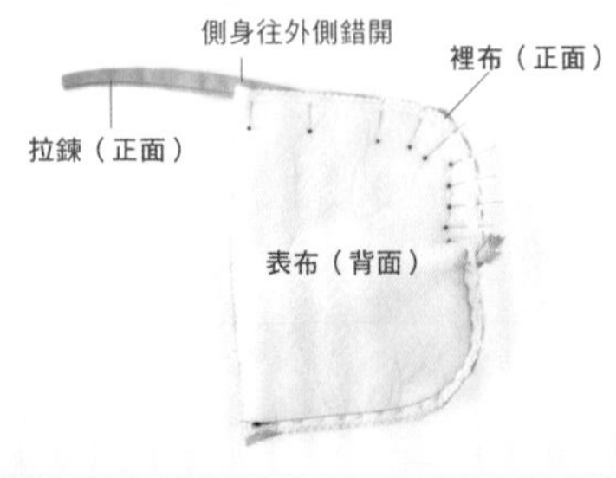

側身往外側錯開
裡布（正面）
拉鍊（正面）
表布（背面）

9 另一側布帶夾入表布與裡布之間，同樣以珠針固定。

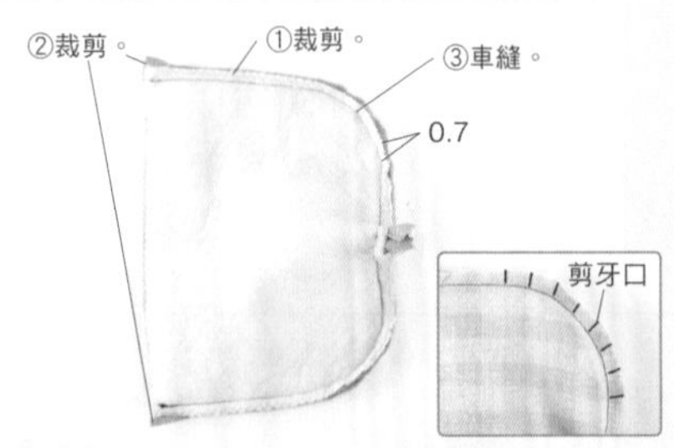

②裁剪。
①裁剪。
③車縫。
0.7
剪牙口

10 疏縫後再車縫固定，圓弧處的縫份與拉鍊布帶皆需剪牙口，完成後拆除疏縫線。

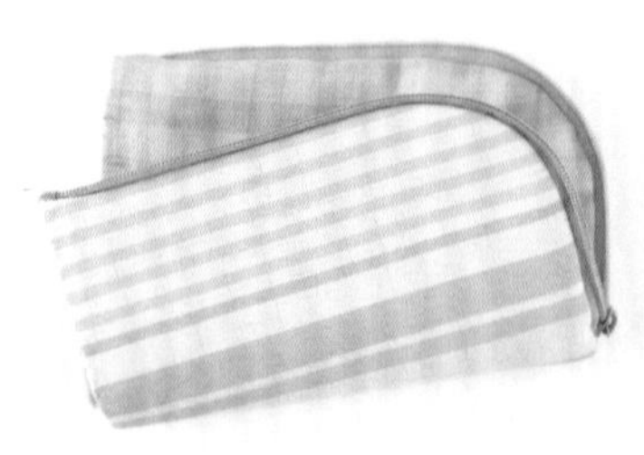

11 拉鍊接縫完成。

• 接縫拉鍊 Lesson 3

P.23方形收納包（接縫拉鍊與拉鍊口布的方式）

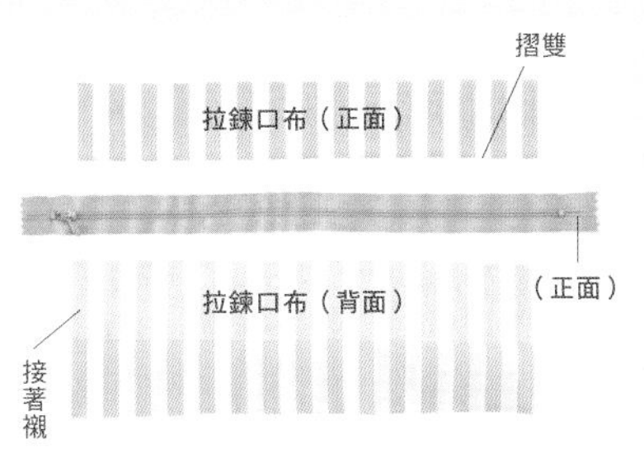
摺雙
拉鍊口布（正面）
（正面）
拉鍊口布（背面）
接著襯

1 拉鍊口布高度的一半貼上接著襯，並以背面相對的方式對摺。

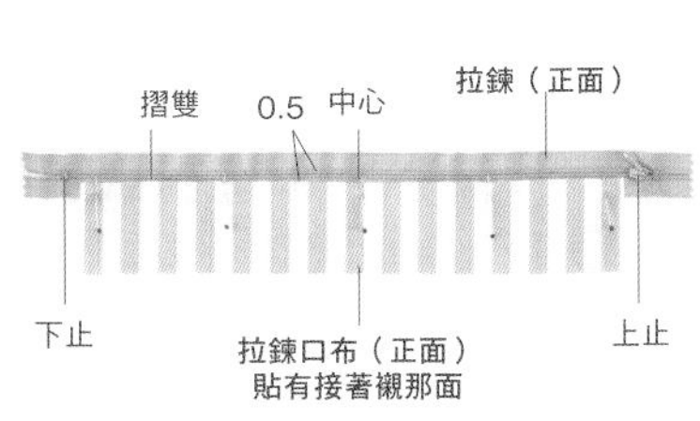
摺雙
0.5
中心
拉鍊（正面）
下止
拉鍊口布（正面）
貼有接著襯那面
上止

2 將拉鍊疊於拉鍊口布上並以珠針固定。避開上止&下止對齊中心疊合。拉鍊口布貼有接著襯那面朝外。

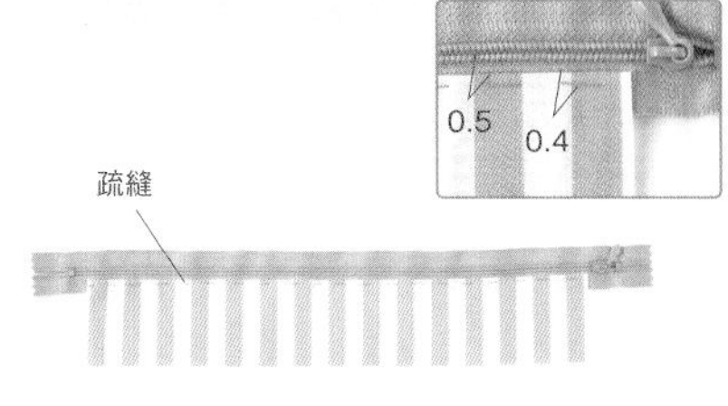
0.5
0.4
疏縫

3 疏縫。

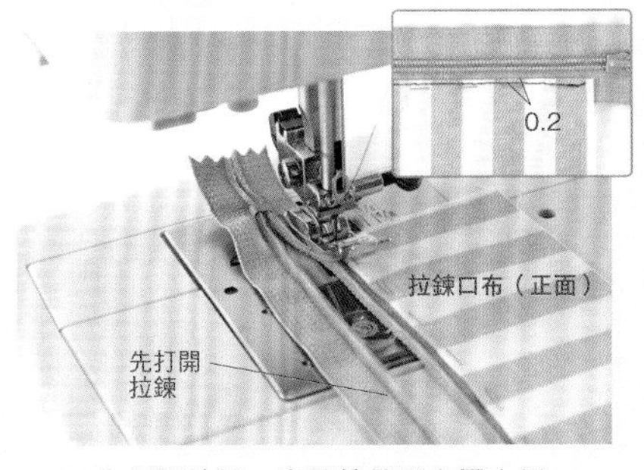
0.2
拉鍊口布（正面）
先打開
拉鍊

4 先打開拉鍊，車縫拉鍊口布摺山側。

拉鍊頭

5 車縫至拉鍊頭前，先稍作暫停。

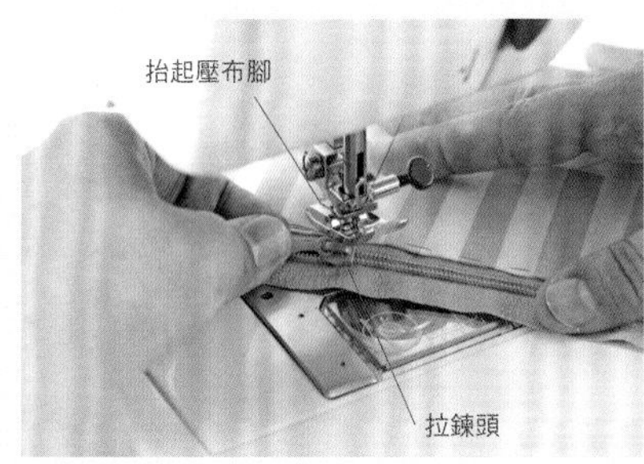
抬起壓布腳
拉鍊頭

6 請於車針還扎在布料上的狀態下，抬起壓布腳，將拉鍊頭往更後面拉。

拉鍊頭

7 再次放下壓布腳，車縫至末端。

拉鍊口布（正面）

8 已經接縫好一邊的拉鍊口布，拆除疏縫線。

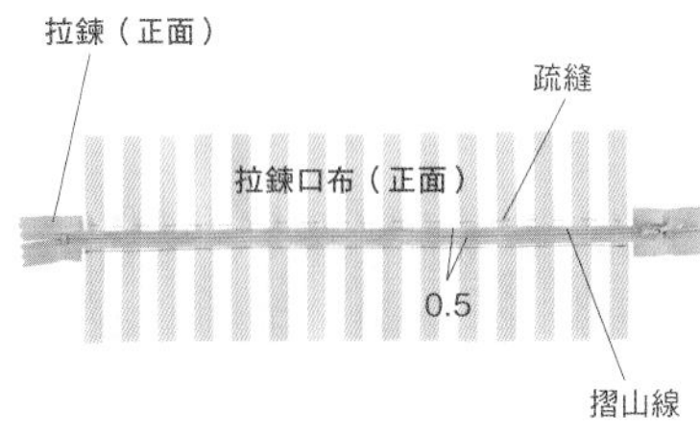
拉鍊（正面）
疏縫
拉鍊口布（正面）
0.5
摺山線

9 將另一側的拉鍊口布疊放於拉鍊上，並以珠針固定。記得對齊上、下拉鍊口布的位置不可錯開。

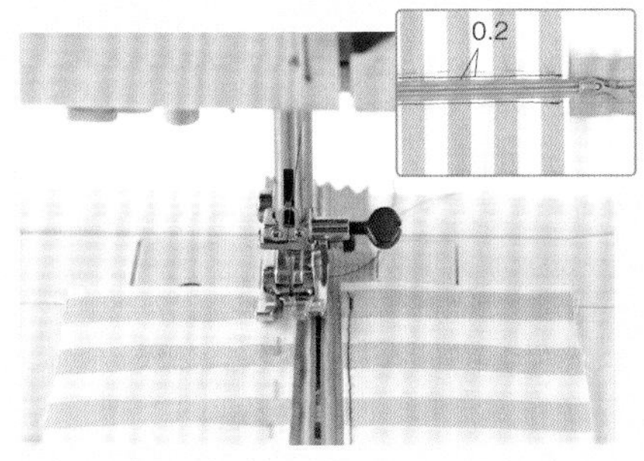
0.2

10 再次打開拉鍊，以步驟4至步驟7的方式車縫拉鍊口布。

11 拉鍊兩側的口布已車縫完成，拆除疏縫線即接縫拉鍊完成。

口金

由於打開時的形狀很像釜鍋的開口，
因此日文稱作釜口口金。
口金的尺寸相當豐富，
無論製作錢包、收納包
或製作大型袋物都適合。

復古口金包

將側身延伸至袋底的手提式口金包。
為了不使夾入式口金鬆脫，因此提把直接連接於袋物本體上。

Design&Make　mini-poche　米田亜里
How To Make　P.70

材料提供／提把・口金…植村、亞麻布…fabric bird

古典口金
肩背包&收納包

肩背包皮製背帶所連接的口金
由於是以縫線固定，
因此不怕口金鬆脫。
收納包則是使用製作簡易的夾入式口金，
很推薦初學者使用喲！

Design&Make　Needlework Tansy
How To Make　P.69　mini lesson　P.32（包包）
How To Make　P.68　mini lesson　P.31（收納包）

材料提供／口金…植村

剪接設計的表袋，
就以蕾絲與小飾品來點綴吧！

關於口金

在此介紹製作口金要先知道的
基礎常識&
兩種口金的接合方法。

工具介紹

準備工具

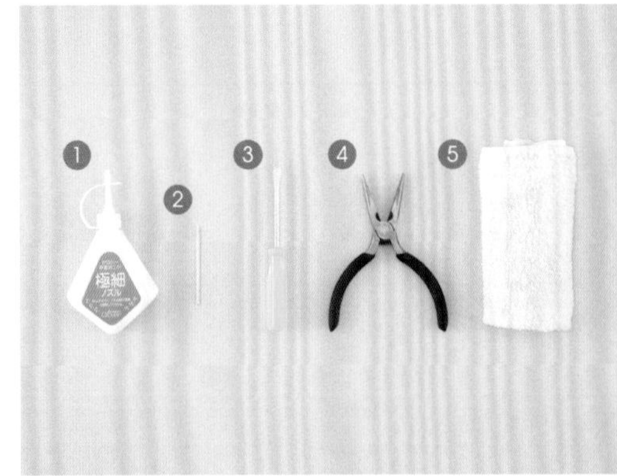

❶手工藝用接著劑
用於接合口金與本體。

❷牙籤
用於在口金內部塗上白膠時，其實只要能伸入口金溝槽即可，因此也可以使用竹籤或竹片。

❸一字螺絲起子
用於輔助將本體夾入口金或紙繩塞入口金。

❹鉗子
用於閉合口金兩側時。

❺濕布
用於擦去溢出的白膠。

若想要製作更多的口金包，可以使用的工具。

口金專用夾入工具
於口金溝槽中夾入本體與紙繩的專用工具，使用上不易傷到口金。（Takagi纖維）

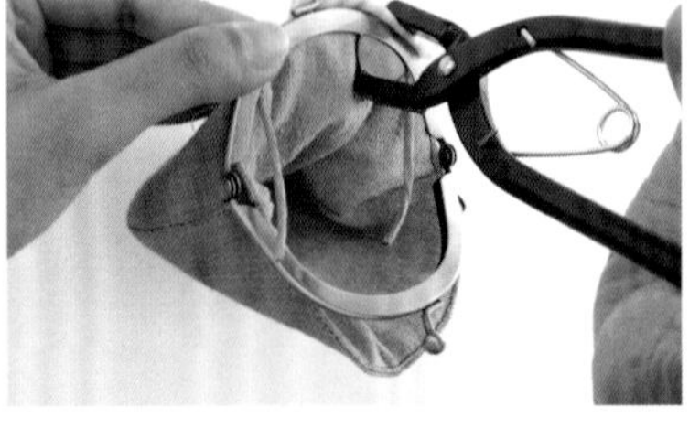

口金組裝鉗
握住把手就可將紙繩輕易推入口金溝槽中。（角田商店）

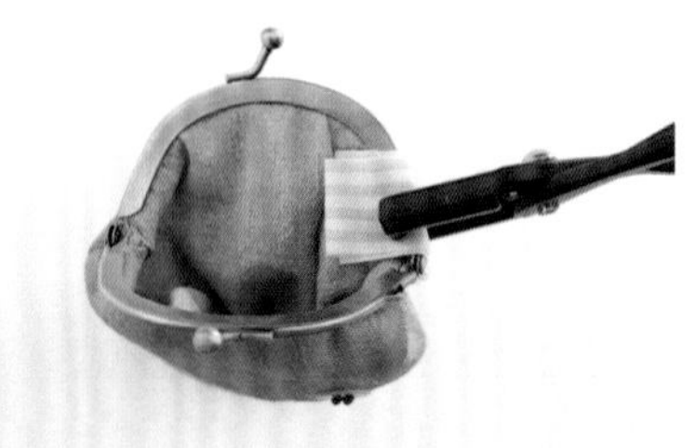

口金夾
將前端夾住口金邊緣，比鉗子更能夠確實夾緊口金。（角田商店）

關於口金

作法頁的口金尺寸測量方式，與各部位名稱。

※尺寸可能因廠商標記有所差異。

圓形

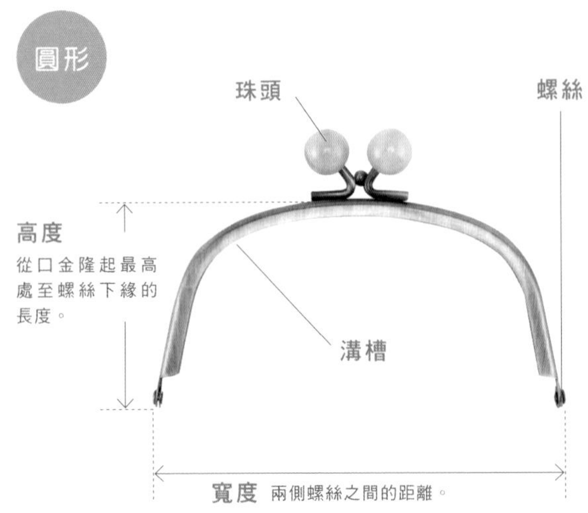
珠頭
螺絲
高度
從口金隆起最高處至螺絲下緣的長度。
溝槽
寬度 兩側螺絲之間的距離。

方形

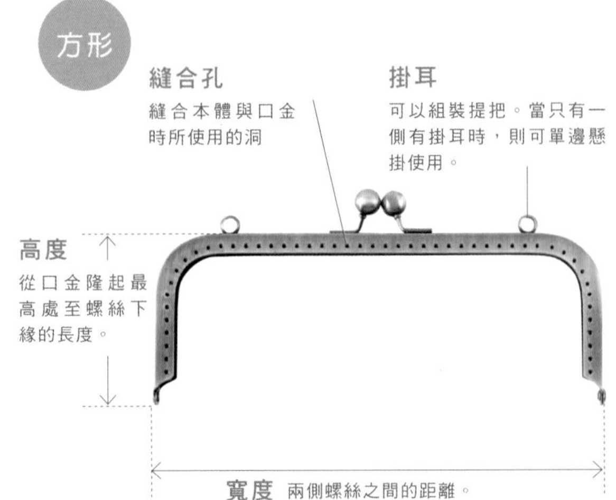
縫合孔
縫合本體與口金時所使用的洞
掛耳
可以組裝提把。當只有一側有掛耳時，則可單邊懸掛使用。
高度
從口金隆起最高處至螺絲下緣的長度。
寬度 兩側螺絲之間的距離。

• 口金 *Lesson 1*　P.29口金收納包（夾入式）

指導／Needlework Tansy 青山惠子（P.31至P.32）

中心
表袋（正面）

1 先於袋口中心製作記號。

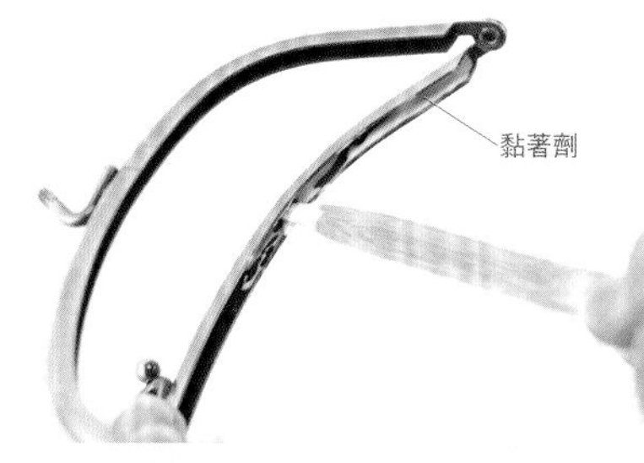
黏著劑

2 將黏著劑塗於口金溝槽內，以牙籤或竹片……等工具，將溝槽邊塗滿黏著劑。為了使黏合更加緊密，請稍微放置乾燥。

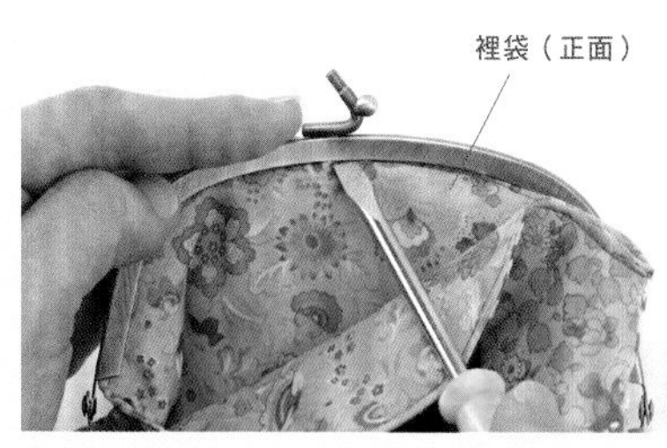
裡袋（正面）

3 在黏著劑快要乾之前，將袋口中心對準口金中心，以一字螺絲起子將本體塞入溝槽內。

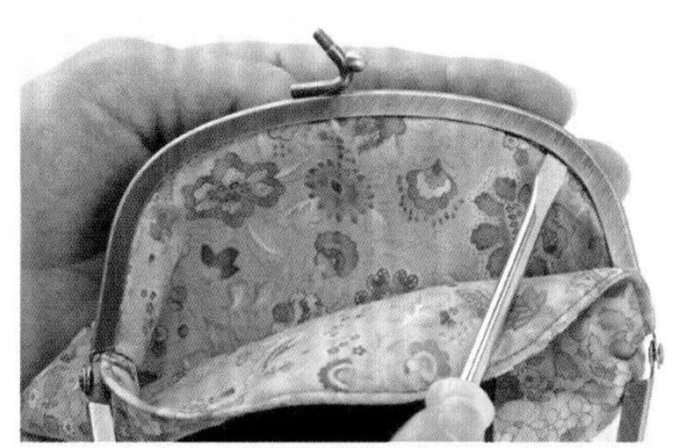

4 從中心開始向兩側延伸，慢慢將本體塞入。

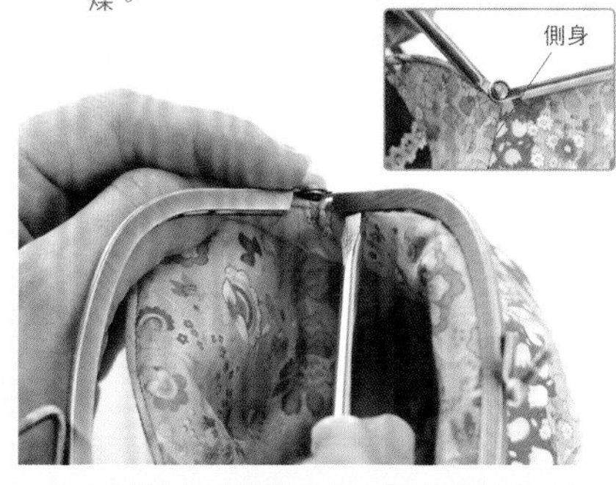
側身

5 以螺絲起子調整，使本體側身對齊口金螺絲。

表袋（正面）
固定夾

6 以相同作法將另一側本體也塞入口金溝槽中，先塞入的那側因為容易鬆脫，因此先使用固定夾夾住就沒問題了！

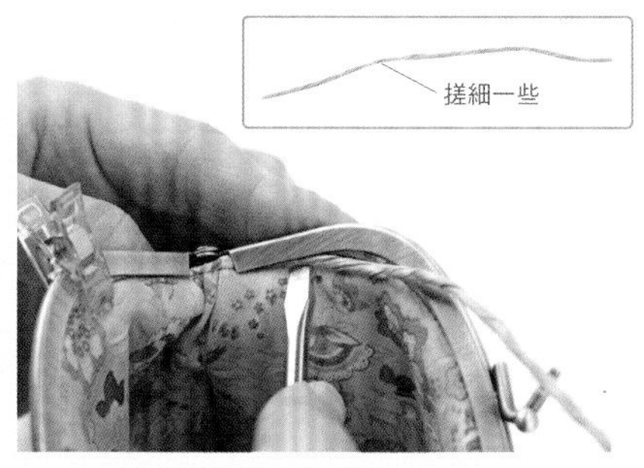
搓細一些

7 先將紙繩搓揉得更細，從口金邊緣以一字螺絲起子塞入口金溝槽。

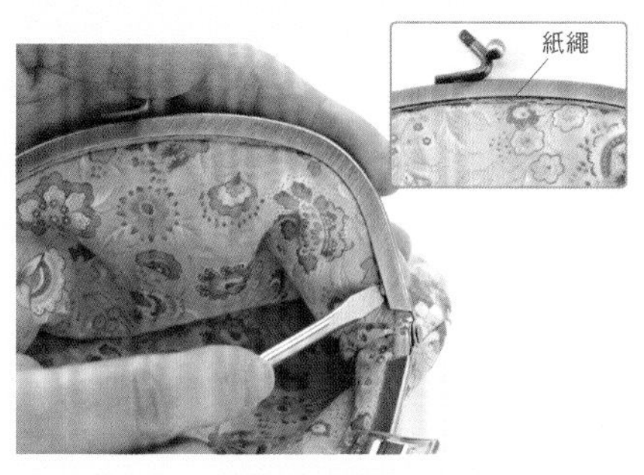
紙繩

8 將超過口金長度的紙繩剪去，末端藏於口金內。紙繩不要塞得太裡面，由外面稍微可以看到的程度即可。

9 塞入紙繩的樣子。

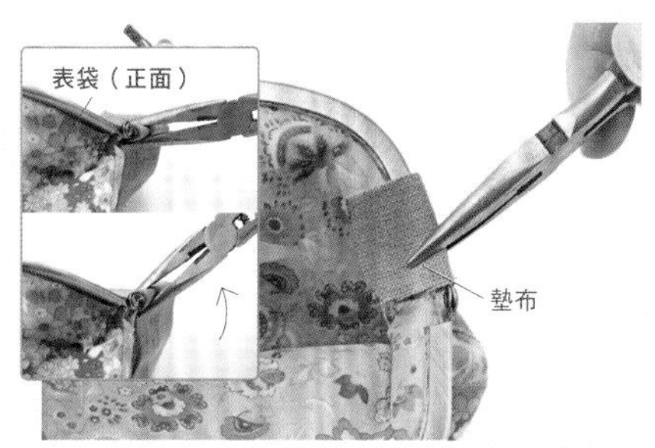
表袋（正面）
墊布

10 為了不要傷到口金所以需隔著墊布，以鉗子將口金的四個角落夾緊。建議以抬起鉗子手把的方式進行，僅壓平口金內側角落，可使外表更加美觀。

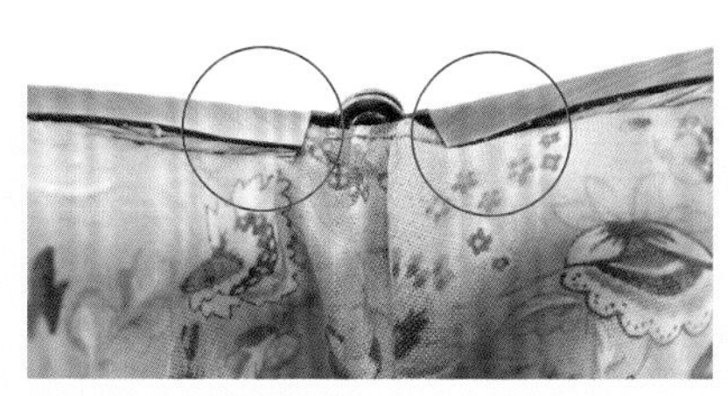

11 口金角落已經壓平。

12 口金接合完成。

・口金 Lesson 2　P.29口金包（接縫式）

中心
表袋（正面）

1 於袋口中心製作記號。

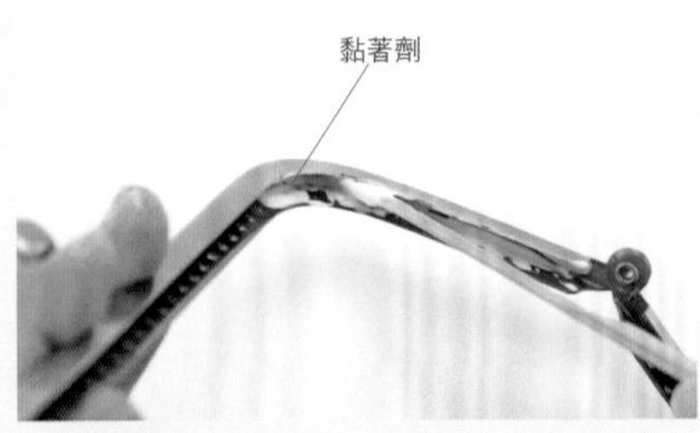
黏著劑

2 將黏著劑塗於口金溝槽內，以牙籤或竹片……等工具，將溝槽邊塗滿黏著劑。為了使黏合更加緊密，請稍微放置乾燥。

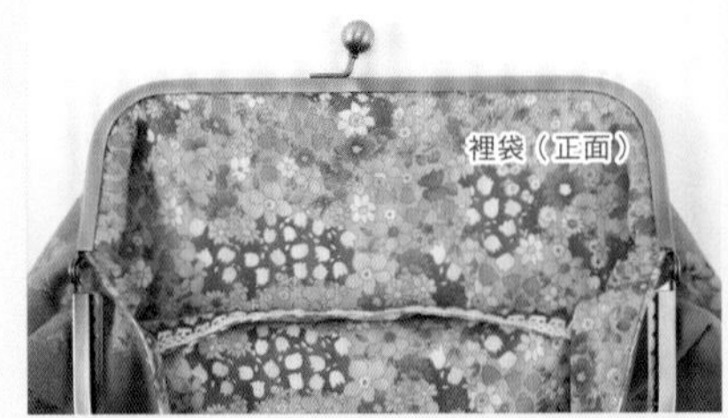
裡袋（正面）

3 將袋口塞入口金溝槽內（作法請見P.31）。較大的口金由於較容易鬆脫，因此請一次進行一邊。

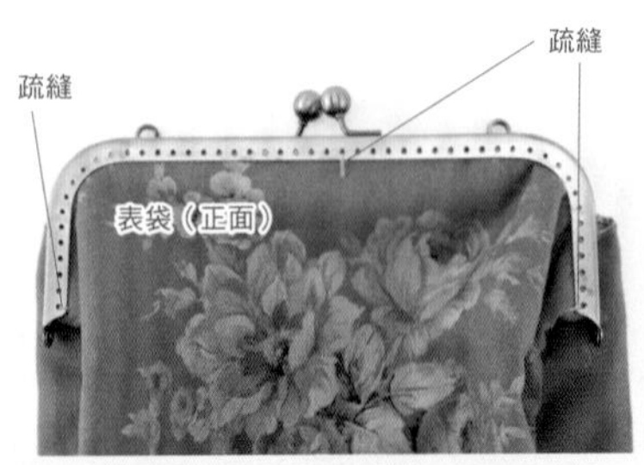
疏縫
疏縫
表袋（正面）

4 中心點與兩側身請事先疏縫固定。

裡袋（正面）

5 於手縫線末端打結。為了不要露出縫結，請由口金內側入針，拉緊縫線後，縫結便會收入口金內側。

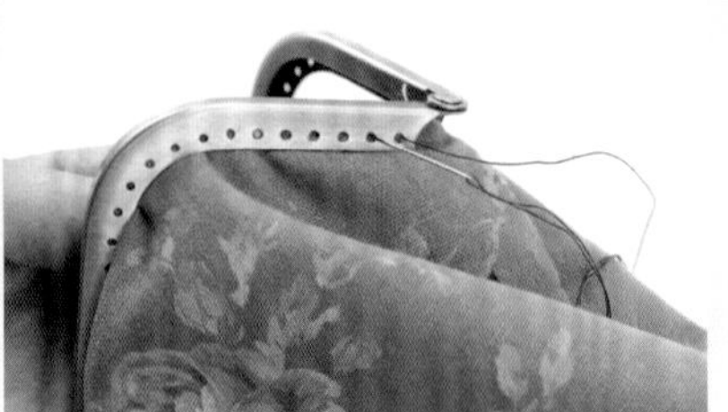

6 從正面出針，並且再從下個孔入針。

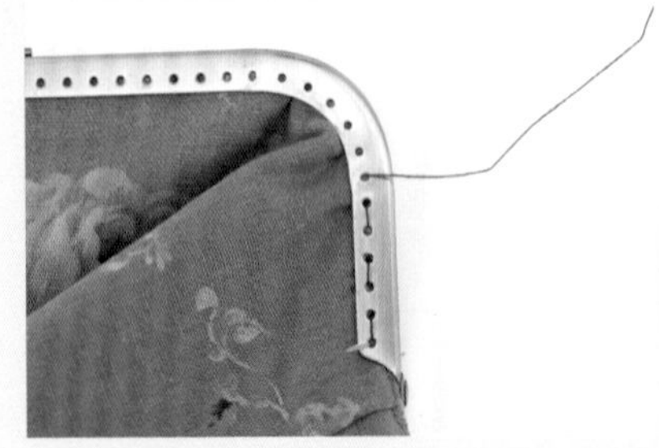

7 以平針縫接縫固定口金。

8 縫合至口金末端。完成後打上止縫結再剪斷縫線。為了不使縫結外露，請於口金內側挑縫一針，如此便能完成漂亮的收尾。

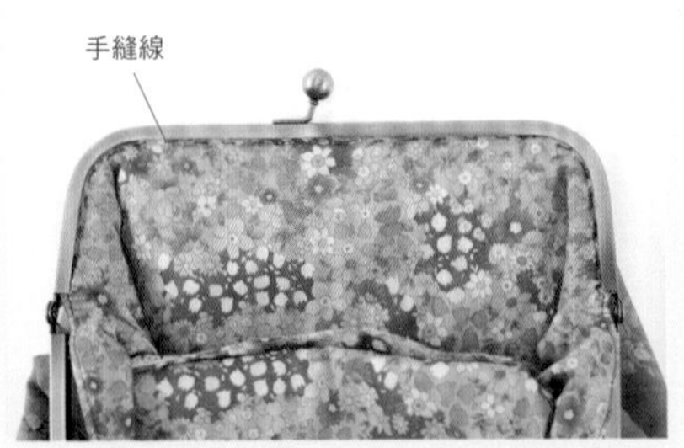
手縫線

9 由內側看可以看到手縫線。再以相同的方式將另一側袋口塞入口金溝槽內，縫合固定。

10 接著固定口金的四個角落。

11 隔著墊布，以鉗子夾緊固定（作法請見P.31）。

12 口金接合完成。

支架口金

支架口金是將金屬線縫入袋物、
收納包的袋口處，
只要縫入支架口金，
形狀被固定的袋口就能夠大大的開啟，
便於內容物的拿取收納。

使用便利！

只要拉開拉鍊，袋口就能大大開啟，
拿取物品超方便！

大開口收納包

形狀圓潤的可愛拉鍊收納包，
袋口處貼心的縫入支架口金，
底部以素色布料拼接，
再以水兵帶及花釦加以裝飾。

Design&Make　Needlework Tansy　青山恵子（P.33至P.34）
How To Make　P.72　　mini lesson　P.35

使用便利！
大大的開口，
裡面裝了什麼一目了然！

花朵醫生包

縫入了可以大大撐開袋口的支架口金，
宛如醫生包一般，
可以輕易尋找內容物，
是收納量超優的好用包款。

How To Make P.73

支架口金

只要縫入支架口金，
袋口就能夠大大敞開！
但哪種口金又該如何使用呢？
在此將詳細介紹用途與組裝方式。

什麼是支架口金？

彎曲鐵線兩端所製作成的口金，以兩支為一組。
只要縫入袋口，袋口就會被固定成鐵線的形狀，
因而大大撐開。

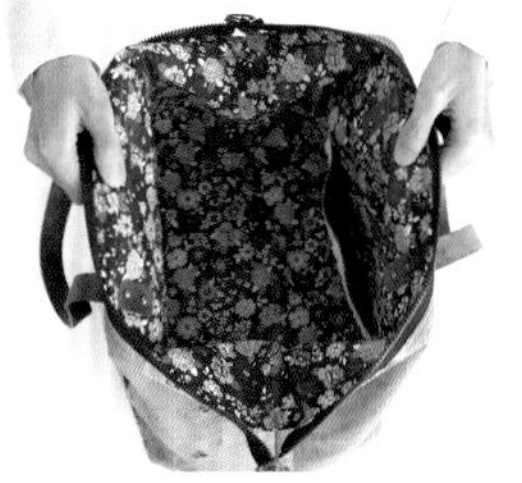

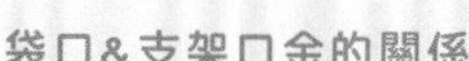

袋口&支架口金的關係

在放入支架口金之前，請先將袋口拉成一直線。依此直線長度決定支架口金的尺寸。

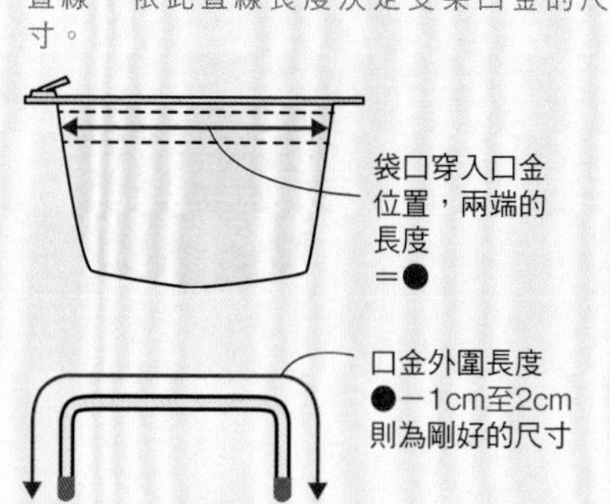
袋口穿入口金位置，兩端的長度＝●
口金外圍長度
●－1cm至2cm
則為剛好的尺寸

關於尺寸

在此將介紹本書作法中的口金尺寸測量方式，
與如何選擇符合袋口尺寸的口金。

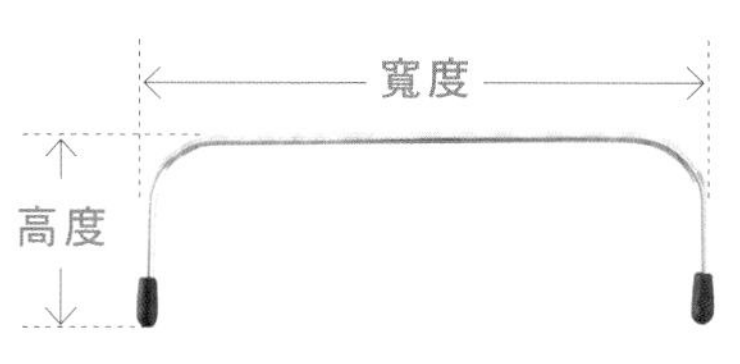
寬度
高度

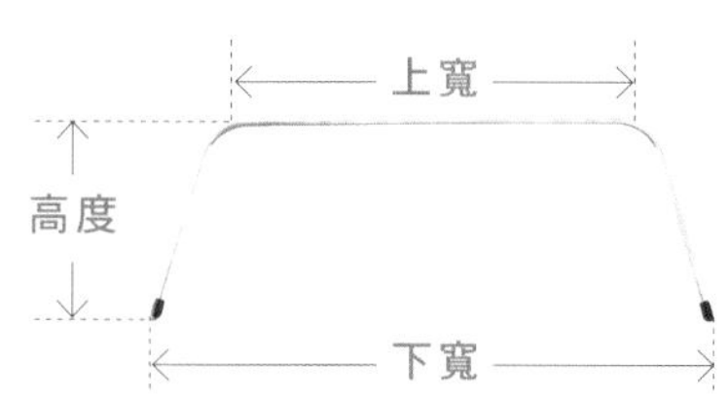
上寬
高度
下寬

• 支架口金 Lesson

P.33支架口金收納包

指導／Needlework Tansy 青山恵子

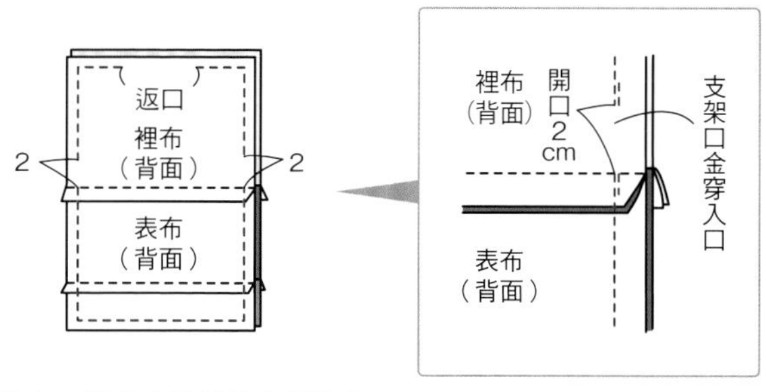
返口
裡布
（背面）
2
2
表布
（背面）
裡布
（背面）
開口2cm
支架口金穿入口
表布
（背面）

1 將表、裡布的兩側與底部縫合，裡布兩側預先保留支架口金穿入口。

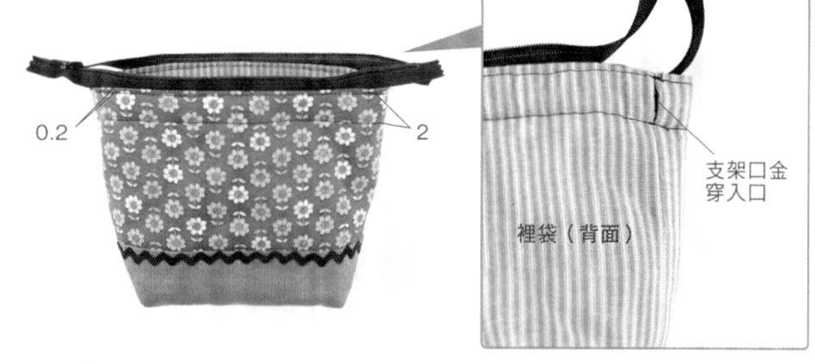
0.2
2
支架口金
穿入口
裡袋（背面）

2 翻至正面時，裡袋袋口兩側就完成了支架口金穿入口。於袋口的支架口金組裝處車縫兩道縫線。

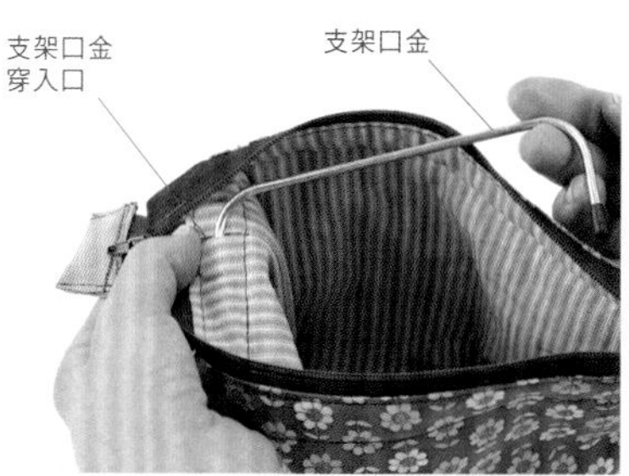
支架口金
穿入口
支架口金

4 從穿入口置入支架口金。

支架口金穿入後的樣子

5 以一次穿入一根的方式穿入袋口。

6 袋口組裝支架口金完成。關上開口後，袋口因配合支架口金的形狀，兩側呈現會凹陷的樣子。

配件

D型環、口型環、日型環……
若依用途正確選用，
便能大幅提升袋物的實用度。

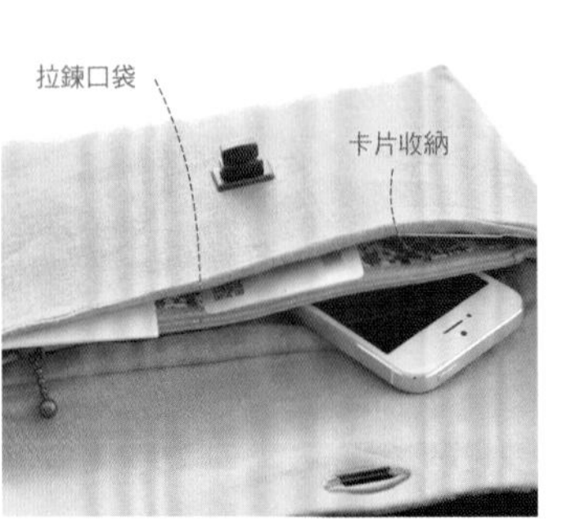
拉鍊口袋
卡片收納

斜背式錢包

直接將錢包作成小肩背包吧！
只要帶著一個這樣的單品出門就很搶眼，
袋蓋開闔容易，
還附有釦子，
可輕鬆收納卡片、零錢、手機，
是收納力優秀的單品！

Design&Make　Love*lemoned*
How To Make　P.74

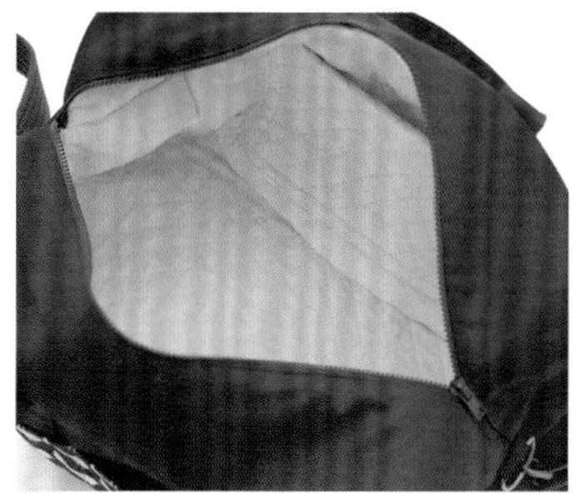

小鳥口袋波士頓包

裡袋選用了鋪棉材質，
因此相當輕巧堅固，也非常適合旅行。
於本體上組裝了D型環，
背帶裝有問號鉤，因此可拆卸背帶，
除了肩背包，還能夠作為手提包使用。

Design&Make　LUNANCHE　田中智子
How To Make　P.80

材料提供／提把・D型環…植村
亞麻混紡背包布…Nu:Hand Works
牛津布　小鳥印花…soleil

2WAY腰包

可以騰出雙手的便利腰包。
附有塑膠插釦的腰帶，穿脫容易，
若是斜背使用就能當作貼身包了！

Design&Make　yu*yu おおのゆうこ
How To Make　P.76

材料提供／提把…植村、LIBERTY印花布…HOBBYRA HOBBYRE
帆布…fabric bird

後背包

↓

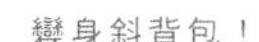

變身斜背包！

2WAY後背包

背帶特別加上問號鉤，
只需變換安裝位置，
就能從後背包一秒變身成斜背包！
由於是將有拉鍊的袋口當作袋蓋，
因此當內容物增加時，裝到袋口都沒問題！

Design&Make flico 岡田桂子
How To Make P.78

材料提供／D型環・問號鉤・日型環…植村
花朵印花布料…Liberte、帆布・棉麻學生布…fabric bird

五金環

是指製作袋物提把時，
經常使用的環狀五金配件。
日文的漢字寫作「鐶」。

五金環的種類

本篇將介紹製作袋物時，五金配件的使用。

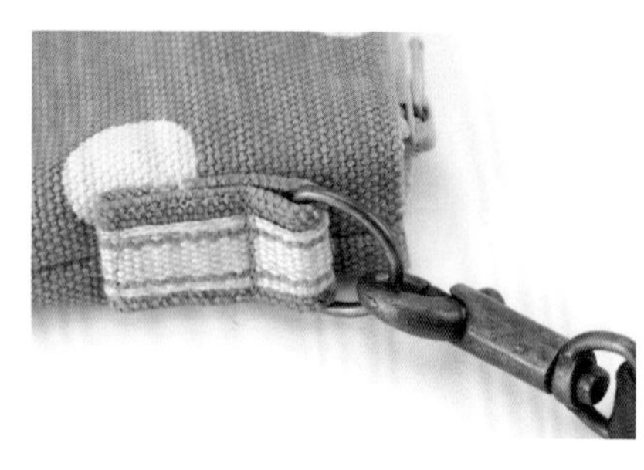

D型環

D型環。通常會穿入布標縫合，固定於袋物或後背包上使用。

日型環

又稱為「日字釦」、「日型環」。方形環中有一根金屬棒的零件。將背帶穿過後，可作為調整長度的調節器使用。

口型環

四角形的環。組裝於可調整長度的提把上時，會搭配日型環一起使用。

問號鉤

問號般形狀的環釦。有一處可開關，因此是連結或解開都很方便的連接零件，另外還有底部附旋轉裝置的款式。

可調整長度的背帶

本篇介紹運用五金配件調整提把長度的作法。

提把固定於本體時

【使用零件】口型環・日型環

口型環
日型環
連接包包本體
連接包包本體

提把可拆卸時

【使用零件】問號鉤・日型環

問號鉤
日型環
問號鉤

Part 3

想要增添在包包上の小物

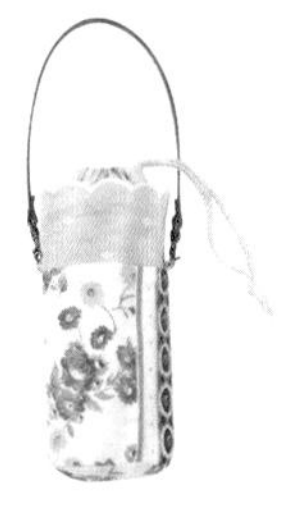

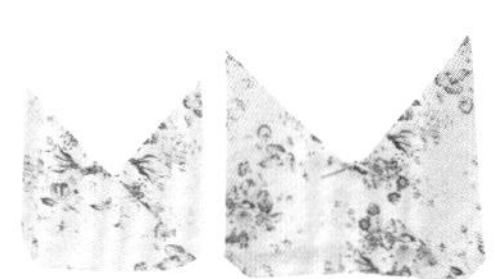

LOVE

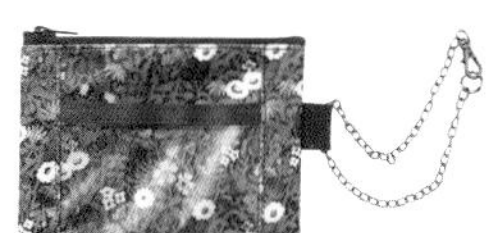

也可作為環保袋使用的

粉紅包巾袋

是可容納許多物品的大尺寸。
若改變布料長度，
也可以作出想要尺寸的包巾袋。

Design&Make　mini-poche 米田亜里（P.42）
How To Make　P.83

使用便利！

大尺寸邊長約為55cm
一般尺寸邊長約為40cm

也可作為裡袋使用的

包巾袋

放入包包裡，
尺寸剛剛好的小型包巾袋。
無需紙型，只要一片布料即可簡單完成。

How To Make　P.83

布料提供…CABBAGES & ROSES

可整齊收納包包內容物的

袋中袋

可清爽收納包包內的筆
或面紙等細碎物品，
由於有另外製作提把，
因此從包包裡取出時，
就能直接作為另一個包包使用。

Design&Make flico 岡田桂子（P.43）
How To Make P.82

材料提供／拉鍊…植村、布料…fabric bird、接著襯…Clover

使用便利！

就算想更換外袋，
也非常輕鬆簡單。

不會迷失在包包中的

手機收納袋

容易消失在包包裡的手機，
就給它一個專屬的收納位置吧！
只要掛在包包提把上就能夠放心囉！

Back Style

How To Make P.83

材料提供／提把・流蘇…植村、亞麻布…fabric bird
Cartonnage tape…merci、棉襯…Home Craft

對摺之後，
以織帶夾住腰帶閉合。

可整理收納筆記本&卡片

A5萬用收納包

為了避免凹摺到筆記本、
卡片與明信片等小物，
就一起好好收納吧！
這款小包非常便於整理包包內容物喔！

Design&Make　mini-poche 米田亜里
How To Make　P.84

布料提供／AUTUMN-autumn forest…decollections

可收納卡片的
小物收納格

口袋①

口袋②

面紙格

掛在袋口處，
就變身成有口袋的包包了！

哪裡都能掛的

移動式口袋

當洋裝或包包沒有口袋時，
可以放入面紙、手機或手帕等必需品，
並掛在上面的移動式口袋。
可固定於包包袋口處或洋裝腰帶上。

Design&Make　flico 岡田桂子
How To Make　P.85

材料提供／固定夾…KAWAGUCHI、磁釦…植村
吊飾・鍊條…mercrie de ambience、橫條紋針織布・普羅旺斯印花布・素色亞麻布・棉麻學生布…fabric bird、絨鼠皮草…exterial fur shop

附有皮製提把的

水壺袋

裡袋貼有棉襯，
是可吸收寶特瓶水滴的時尚水壺袋。
拆下提把後也可洗滌。

Design&Make　mocha 茂住結花（P.46）
How To Make　P.86

使用便利！

不會弄溼包包內部

使用便利！

在吊耳布上組裝鍊條，
就能掛於提把等處。

附收納袋の

車票夾

本體選用了不易弄髒的防水布料，
透明口袋可放入感應式卡片，
本體則製作了拉鍊設計，
可放入零錢或鑰匙等物品。

How To Make　P.87

提把・鍊條提供⋯植村

製作想要尺寸の袋物

等到熟悉袋物製作後，
來試著挑戰看看，
製作自己想要尺寸的包包吧！

1 決定想要製作的大小

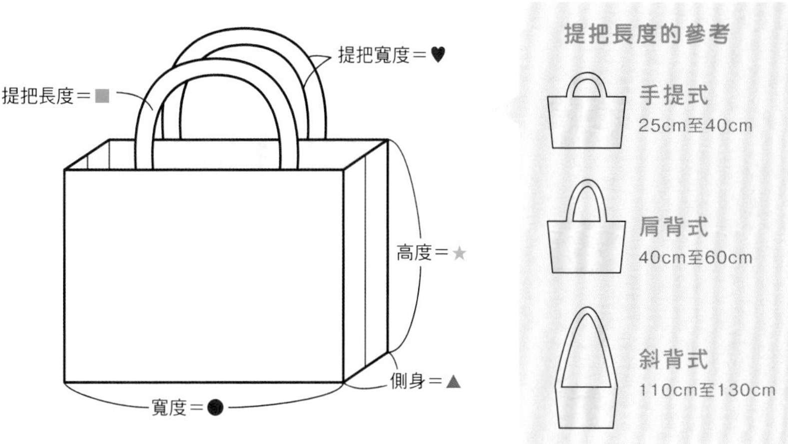

提把寬度＝♥
提把長度＝■
高度＝★
側身＝▲
寬度＝●
提把長度的參考
手提式
25cm至40cm
肩背式
40cm至60cm
斜背式
110cm至130cm

參考上圖來決定想要大小包包的確切尺寸吧！

2 製作紙型

■+2cm

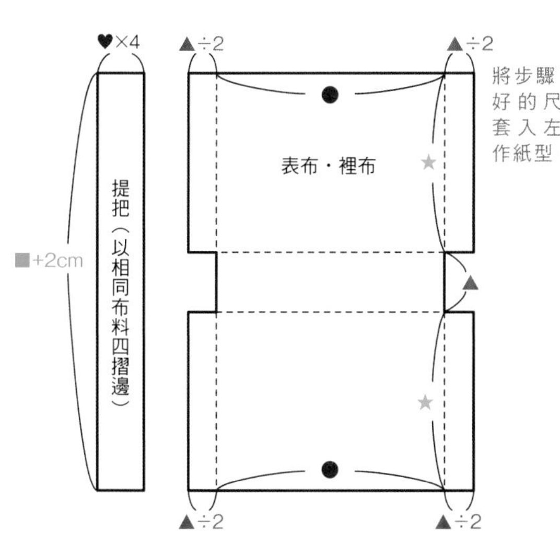

♥×4
▲÷2
▲÷2
提把（以相同布料四摺邊）
表布・裡布
▲÷2
▲÷2

將步驟1決定好的尺寸，套入左圖製作紙型。

3 裁布

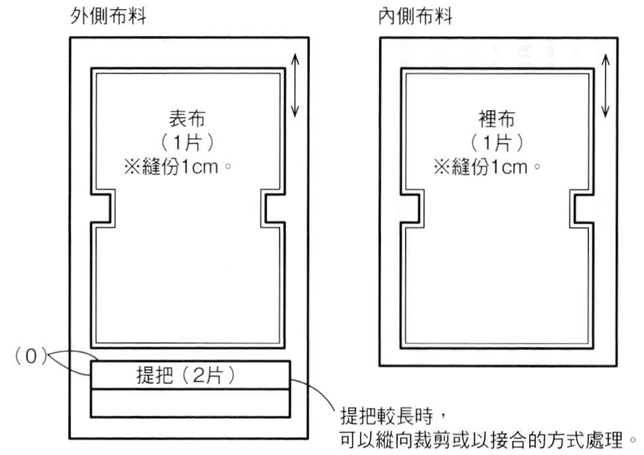

外側布料
內側布料
表布
（1片）
※縫份1cm。
裡布
（1片）
※縫份1cm。
（0）
提把（2片）
提把較長時，
可以縱向裁剪或以接合的方式處理。

完成紙型後，外加縫份，再依需要的版型數量進行裁布。

4 車縫

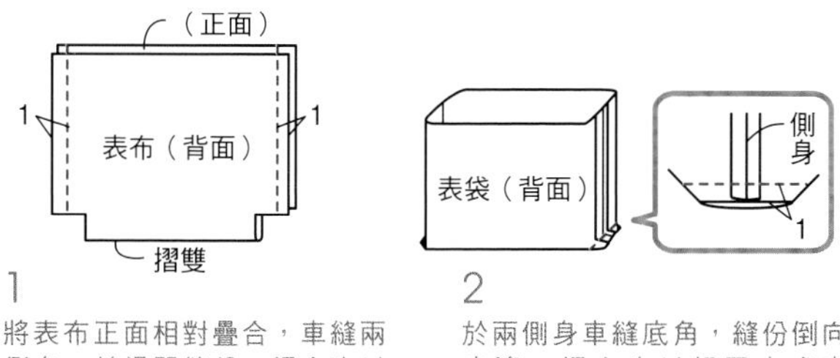

（正面）
1
表布（背面）
1
摺雙
表袋（背面）
側身
1

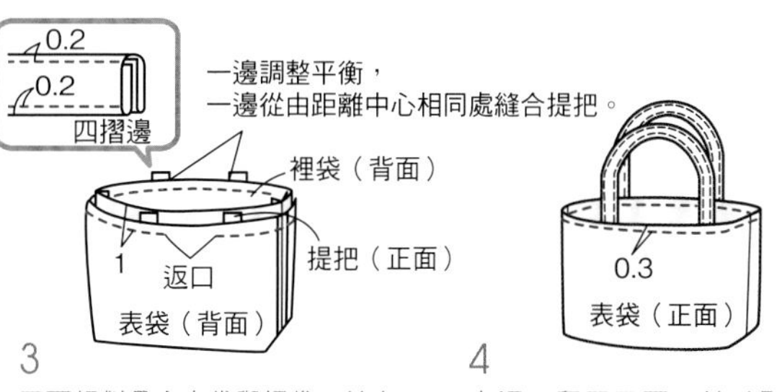

0.2
0.2
四摺邊
一邊調整平衡，
一邊從由距離中心相同處縫合提把。
裡袋（背面）
提把（正面）
1
返口
表袋（背面）
0.3
表袋（正面）

1
將表布正面相對疊合，車縫兩側身，並燙開縫份。裡布也以相同方式處理。

2
於兩側身車縫底角，縫份倒向底邊，裡布也以相同方式車縫。

3
正面相對疊合表袋與裡袋，並夾車四摺邊車縫後的提把，請記得預留返口。

4
由返口翻至正面，並以熨斗熨燙整理，最後車縫袋口一圈收尾。

製作前準備

在開始著手進行製作前，記住在作法中重要的幾件事吧！

原寸紙型的用法

描繪附錄的原寸紙型，製作想要的包包或收納包紙型吧！

● 描繪方式

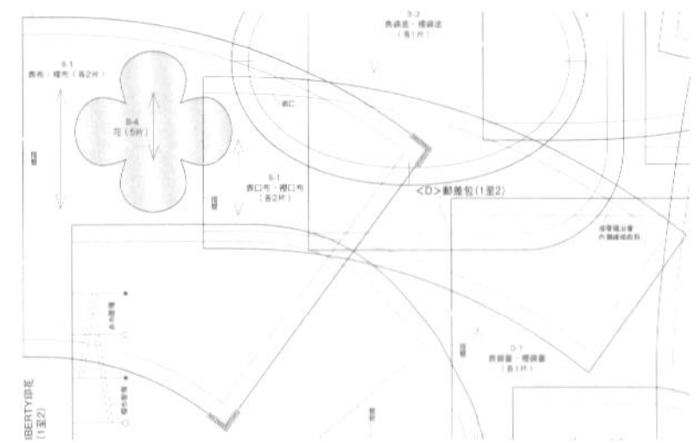

1 從原寸紙型中選擇想要描繪的紙型，為了清楚辨識，請於角落等重點處以顯眼的顏色製作記號。

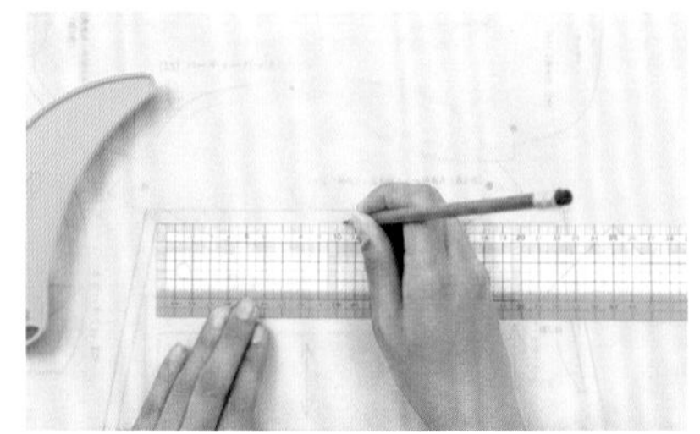

2 將透光紙放置於紙型上，為了避免紙型位移，請以布用文鎮確實固定，並搭配定規尺來描繪，圓弧轉角處則以一點一點挪動定規尺的方式進行角度描繪。本書附錄的原寸紙型皆已含縫份。

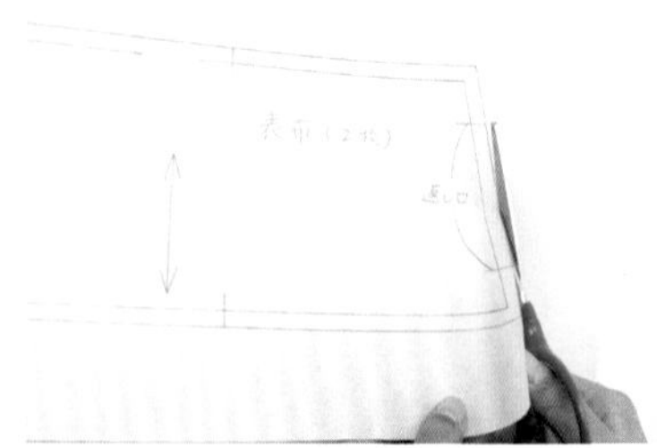

3 描繪上布紋方向、對齊記號等記號，並標示部位名稱，完成後剪下即可使用。

無紙型的版型作法

直線部位無原寸紙型。

請依裁布圖所標示尺寸，直接於布料背面描繪線條，描繪時請使用定規尺。以剪刀從布料邊緣剪下版型。

※布邊的布紋因時常會有歪曲情形，因此特別避開不用。

製作記號

於裁剪好的版型製作縫線記號。

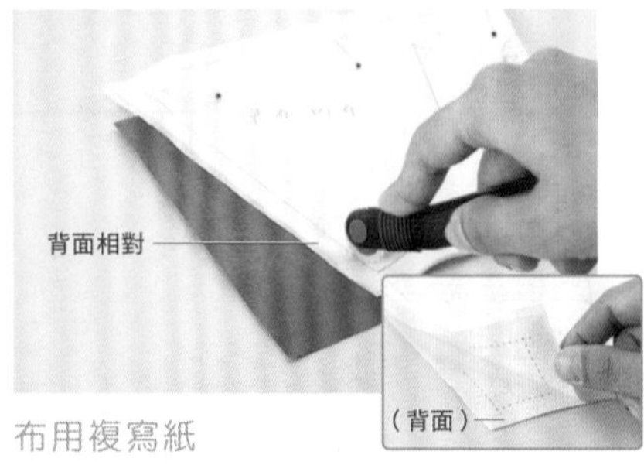
背面相對
（背面）

布用複寫紙

於背面相對疊合的布料之間夾入布用複寫紙，從紙型上方以點線器畫線。點線器選擇刀刃波浪狀的種類。

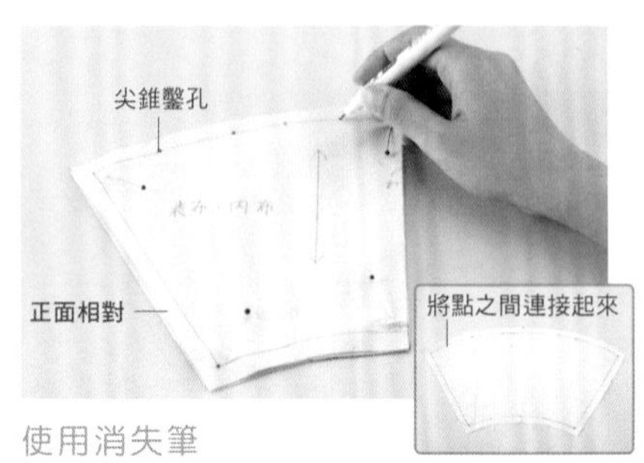
尖錐鑿孔
正面相對
將點之間連接起來

使用消失筆

再次於紙型的完成線上以尖錐鑿孔。於正面相對疊合的布料上擺放紙型，鑿孔處以消失筆製作記號。以連接點與點的方式，描繪完成線。反轉紙型，在另外半邊也製作記號。

關於版型標示

- 本書原寸紙型已含縫份，無需外加縫份。
- 版型皆為直線的作品，則本書無附原寸紙型。
- 作法頁無特別標示的數字，單位皆為cm。
- 布料尺寸以寬×長的順序表示。請特別注意使用印花有方向性的布料時，為了對花時，所使用的布料尺寸可能會有所改變。
- 口金、支架口金的尺寸以寬×高的順序表示。口金尺寸的後面則註記有廠商名稱和型號。

成熟風鋪棉托特包

[Photo P.8]

●完成尺寸
寬37×高30×側身10cm

【材料】
鋪棉布（花朵印花）50×90cm、平織棉布（南法風印花）100×75cm
棉布（花朵印花）15×60cm、厚接著襯5×60cm、接著襯20×50cm、寬0.7cm花邊裝飾帶100cm
隱形磁釦1組、底板10×37cm

裁布圖

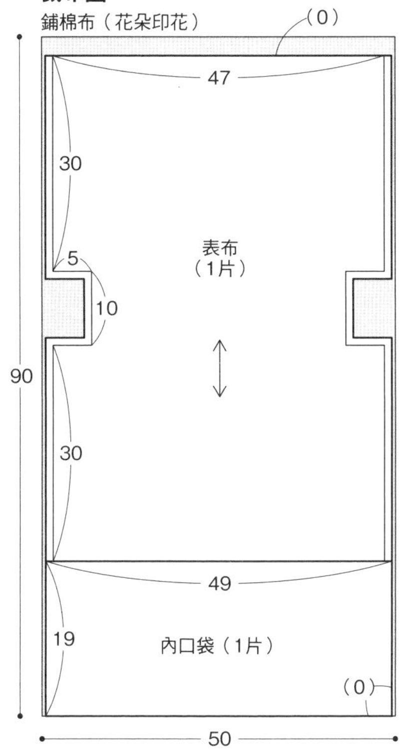

鋪棉布（花朵印花）
(0)
47
30
表布
（1片）
5
10
90
30
49
19
內口袋（1片）
(0)
50

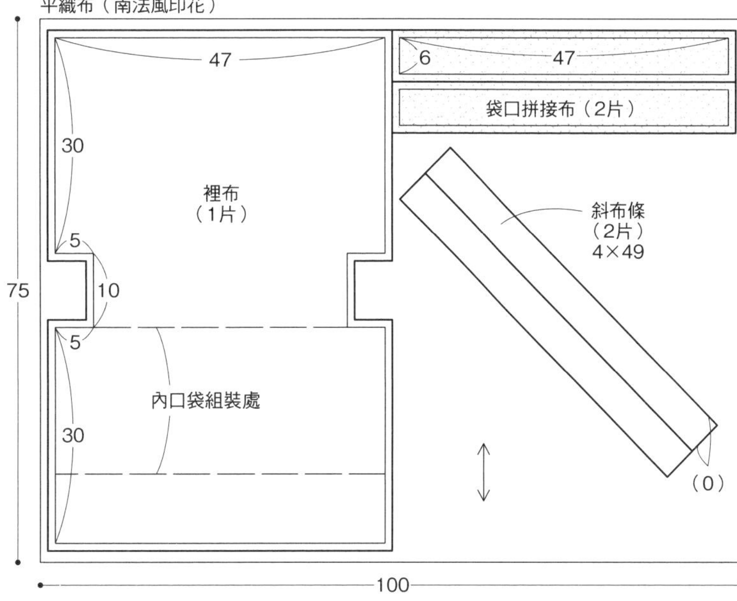

平織布（南法風印花）
47
6
47
袋口拼接布（2片）
30
裡布
（1片）
斜布條
（2片）
4×49
5
75
10
5
內口袋組裝處
30
(0)
100

※（　）裡的數字為縫份，除此之外縫份皆為1cm。
※░部分貼上接著襯。

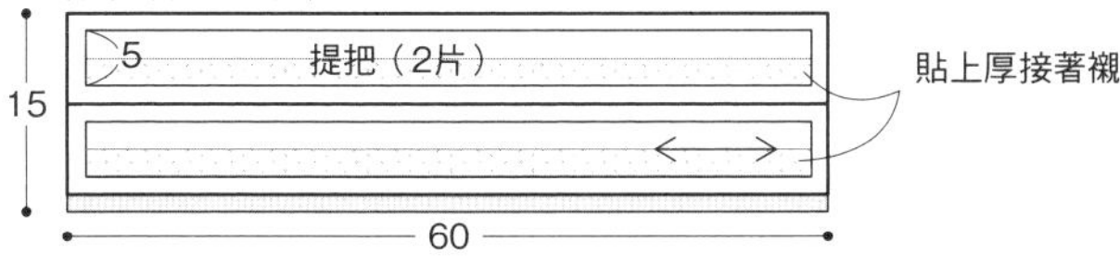

棉布（花朵印花）
5
提把（2片）
15
貼上厚接著襯
60

1 製作提把

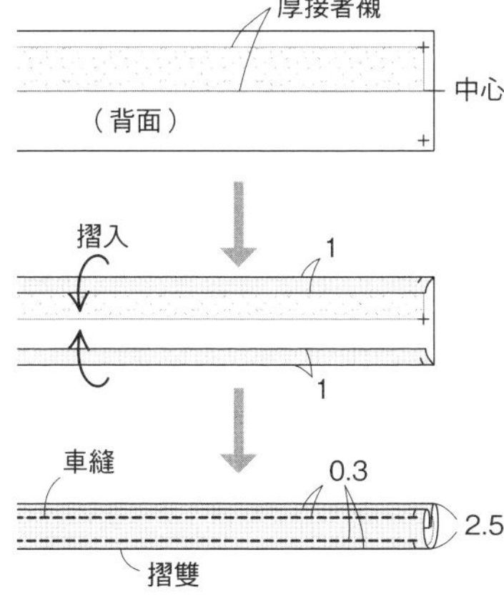

厚接著襯
中心
（背面）
摺入
1
1
車縫
0.3
2.5
摺雙

2 製作內口袋

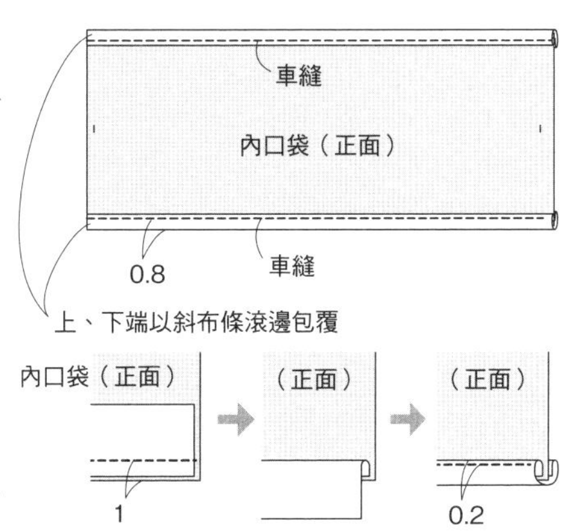

車縫
內口袋（正面）
0.8
車縫
上、下端以斜布條滾邊包覆
內口袋（正面）
（正面）
（正面）
1
0.2

3 於裡布接縫內口袋&提把

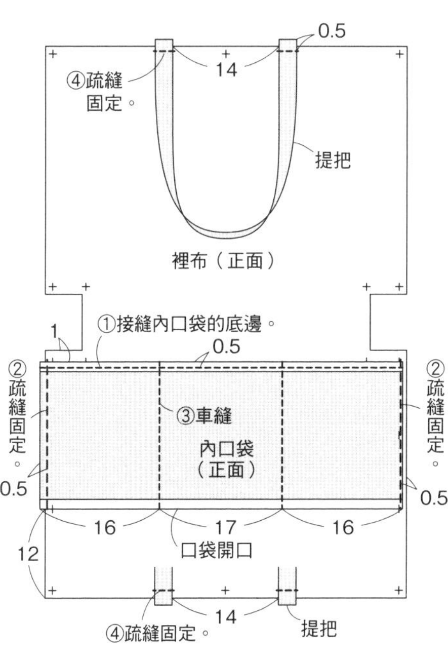

0.5
④疏縫固定。
14
提把
裡布（正面）
①接縫內口袋的底邊。
1
0.5
②疏縫固定。
③車縫
內口袋
（正面）
②疏縫固定。
0.5
0.5
16
17
16
口袋開口
12
14
④疏縫固定。
提把

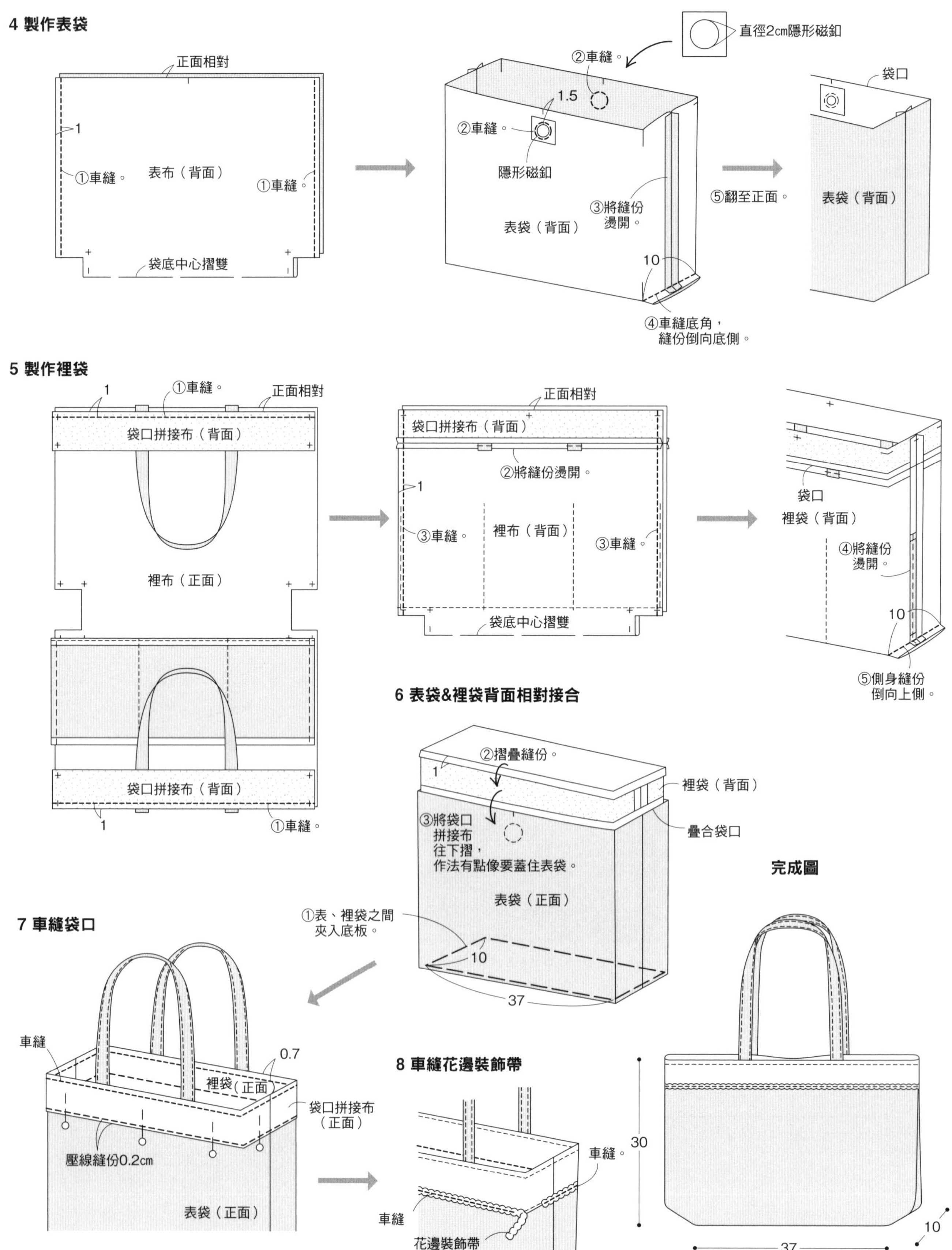

4 製作表袋
正面相對
1
①車縫。
表布（背面）
①車縫。
袋底中心摺雙
直徑2㎝隱形磁釦
②車縫。
1.5
②車縫。
隱形磁釦
③將縫份燙開。
表袋（背面）
10
④車縫底角，縫份倒向底側。
⑤翻至正面。
袋口
表袋（背面）
5 製作裡袋
1
①車縫。
正面相對
袋口拼接布（背面）
裡布（正面）
袋口拼接布（背面）
1
①車縫。
正面相對
袋口拼接布（背面）
②將縫份燙開。
1
③車縫。
裡布（背面）
③車縫。
袋底中心摺雙
袋口
裡袋（背面）
④將縫份燙開。
10
⑤側身縫份倒向上側。
6 表袋&裡袋背面相對接合
②摺疊縫份。
1
裡袋（背面）
疊合袋口
③將袋口拼接布往下摺，作法有點像要蓋住表袋。
表袋（正面）
①表、裡袋之間夾入底板。
10
37
完成圖
7 車縫袋口
車縫
0.7
裡袋（正面）
袋口拼接布（正面）
壓線縫份0.2㎝
表袋（正面）
8 車縫花邊裝飾帶
車縫。
車縫
花邊裝飾帶
30
10
37

復古帆布托特包

［Photo P.9］
原寸紙型A面<A>1表布、2裡布

●完成尺寸
寬36×高28×側身12cm

【材料】
復古11號帆布（鮭魚粉色）寬110×80cm、棉布（直條紋）寬110×60cm
接著襯100×60cm、長度20cm拉鍊1條

裁布圖

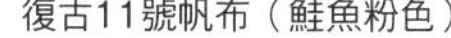
復古11號帆布（鮭魚粉色）

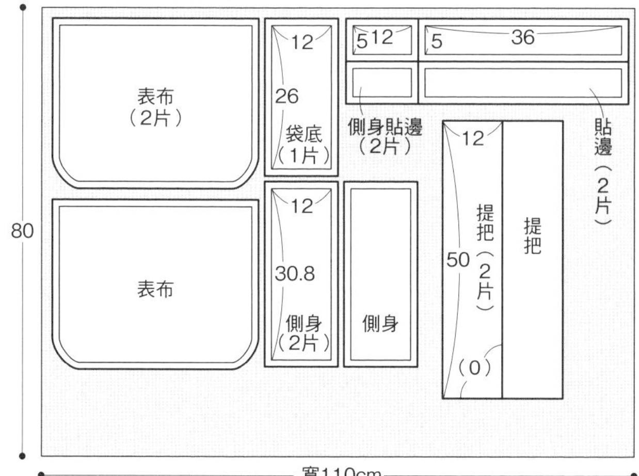

表布
（2片）
表布
12
26
袋底
（1片）
12
30.8
側身
（2片）
側身
5 12
5
36
側身貼邊
（2片）
貼邊
（2片）
12
提把
（2片）
提把
50
（0）
80
寬110cm

1 於裡布接縫口袋

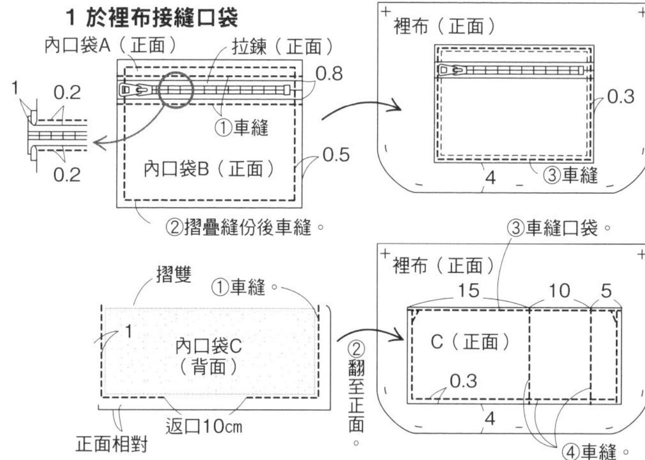

內口袋A（正面）
拉鍊（正面）
0.8
1
0.2
0.2
①車縫
內口袋B（正面）
0.5
②摺疊縫份後車縫。
裡布（正面）
0.3
4
③車縫
摺雙
①車縫。
1
內口袋C
（背面）
返口10cm
正面相對
②翻至正面。
③車縫口袋。
裡布（正面）
15
10
5
C（正面）
0.3
4
④車縫。

※內口袋C的車縫方式請見P.71。

棉布（直條紋）

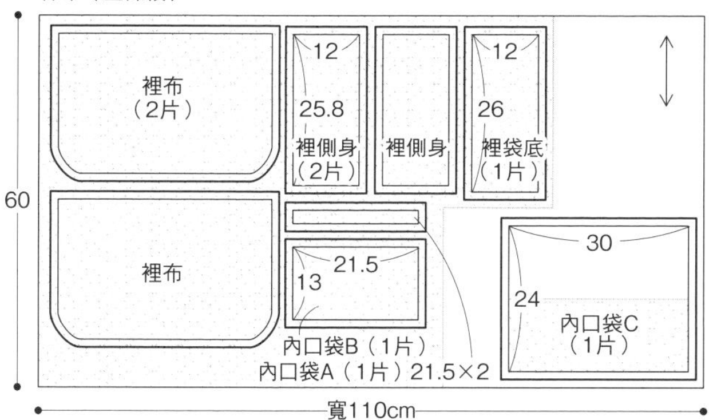

裡布
（2片）
12
25.8
裡側身
（2片）
裡側身
12
26
裡袋底
（1片）
裡布
13
21.5
內口袋B（1片）
內口袋A（1片）21.5×2
30
24
內口袋C
（1片）
60
寬110cm

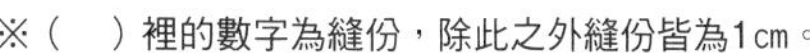
※（ ）裡的數字為縫份，除此之外縫份皆為1cm。
※ 部分貼上接著襯。內口袋C以外的部份，請先黏貼接著襯後再進行裁剪。

2 製作裡袋

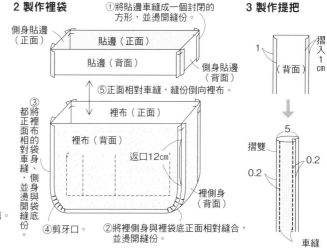

①將貼邊車縫成一個封閉的方形，並燙開縫份。
側身貼邊（正面）
貼邊（正面）
貼邊（背面）
側身貼邊（背面）
⑤正面相對車縫，縫份倒向裡布。
③將裡布都正面相對車縫，並燙開袋身、側身與袋底縫份。
裡布（正面）
裡布（背面）
返口12cm
裡側身（背面）
④剪牙口。
②將裡側身與裡袋底正面相對縫合，並燙開縫份。

3 製作提把

1
摺入1cm
（背面）
5
摺雙
0.2
0.2
車縫

4 製作表袋。

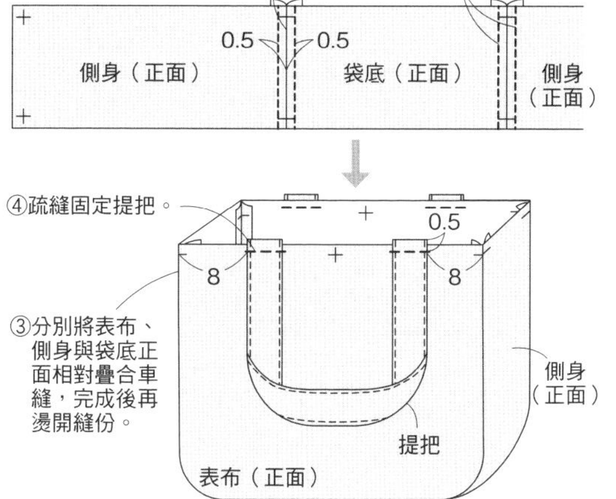

①正面相對車縫。
②將縫份燙開並車縫壓線。
0.5
0.5
側身（正面）
袋底（正面）
側身（正面）
④疏縫固定提把。
0.5
8
8
③分別將表布、側身與袋底正面相對疊合車縫，完成後再燙開縫份。
側身（正面）
提把
表布（正面）

5 縫合表袋&裡袋

完成圖

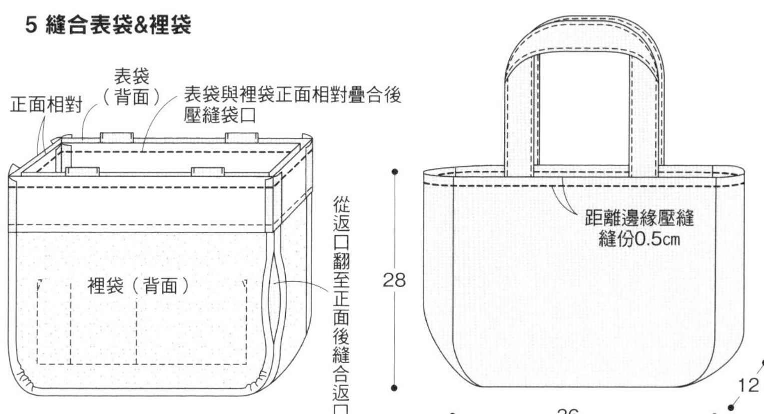

表袋（背面）
正面相對
表袋與裡袋正面相對疊合後壓縫袋口
裡袋（背面）
從返口翻至正面後縫合返口
距離邊緣壓縫縫份0.5cm
28
12
36

橫條紋托特包

[Photo P.10]

●完成尺寸
寬32×高30×側身16cm

【材料】
11號帆布（橫條紋先染布）108×40cm、彩色亞麻布（雞蛋黃色）100×45cm、棉布（VALDOME普羅旺斯印花）50×80cm、接著襯105×95cm、5號繡線（藍色）適量、布用雙面膠適量

裁布圖

11號帆布（橫條紋先染布）
48
15
30
27
提把組裝處
表布
（2片）
40
8
15
8
8
32
8
摺雙
108

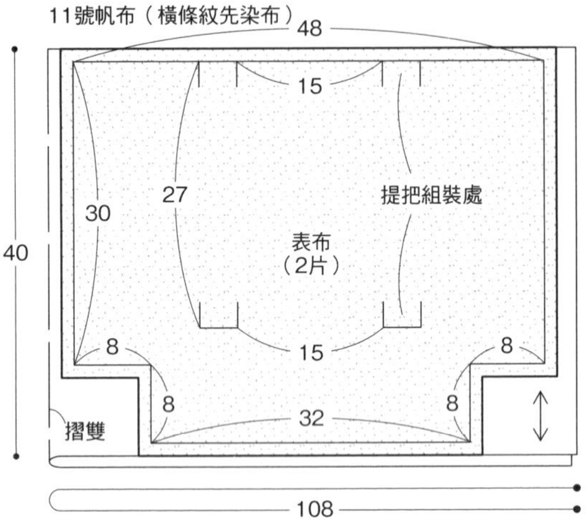

棉布（VALDOME 普羅旺斯印花）
48
30
裡布
（1片）
80
8
8
7
袋底中心摺雙
32
8
（1.5）
布標
3×3（1片）
（1.5）
50

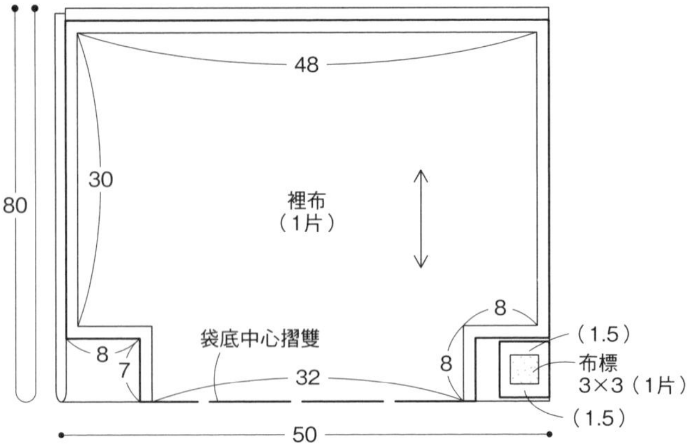

彩色亞麻布（雞蛋黃色）
（3）
（1.75）
（3）
5
48
8
3.5
41
袋底
（1片）
16
提把裡布（2片）
45
5
8
（1.75）提把表布（2片）
3.5
91
（2）
（2）
100

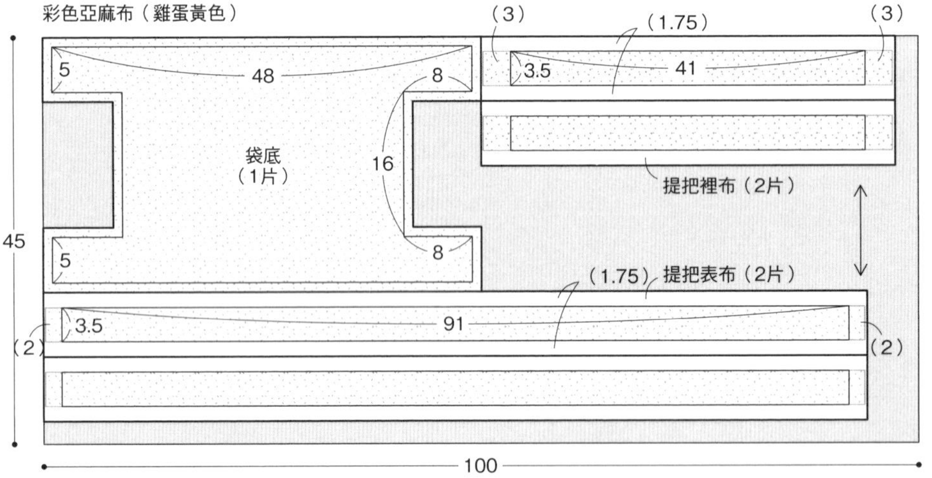

※（　）部分貼上接著襯。
※▒製作布標

1 製作布標

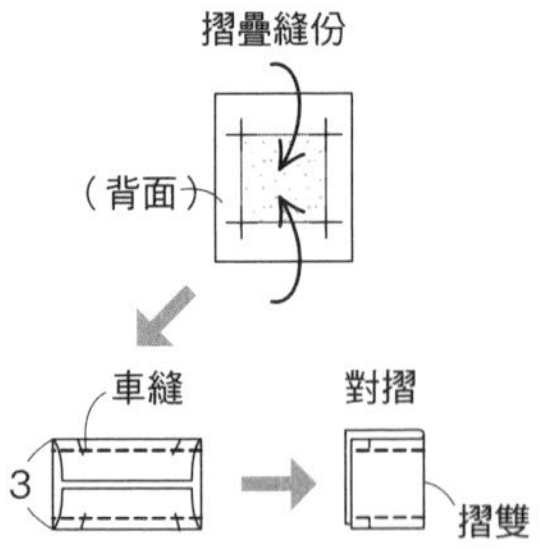

摺疊縫份
（背面）
車縫
對摺
3
摺雙

2 於本體袋口刺繡

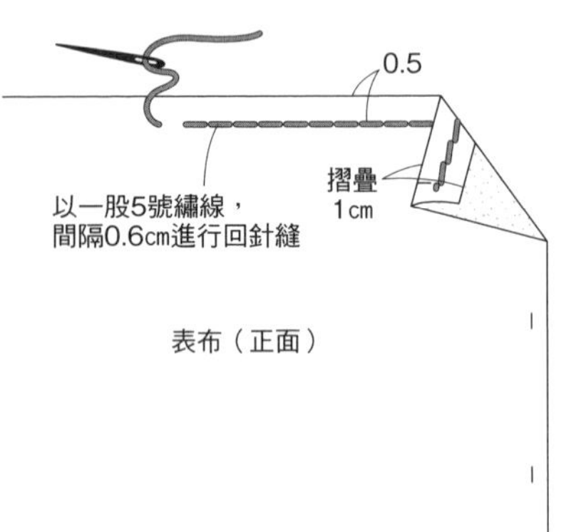

0.5
摺疊
1cm
以一股5號繡線，
間隔0.6cm進行回針縫
表布（正面）

3 製作提把

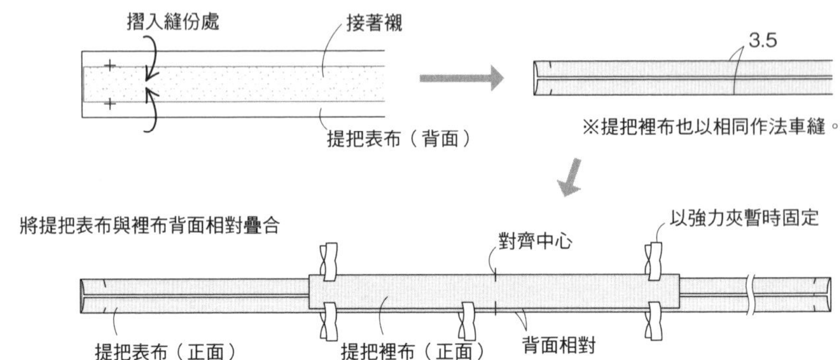

摺入縫份處
接著襯
3.5
提把表布（背面）
※提把裡布也以相同作法車縫。
將提把表布與裡布背面相對疊合
對齊中心
以強力夾暫時固定
提把表布（正面）
提把裡布（正面）
背面相對

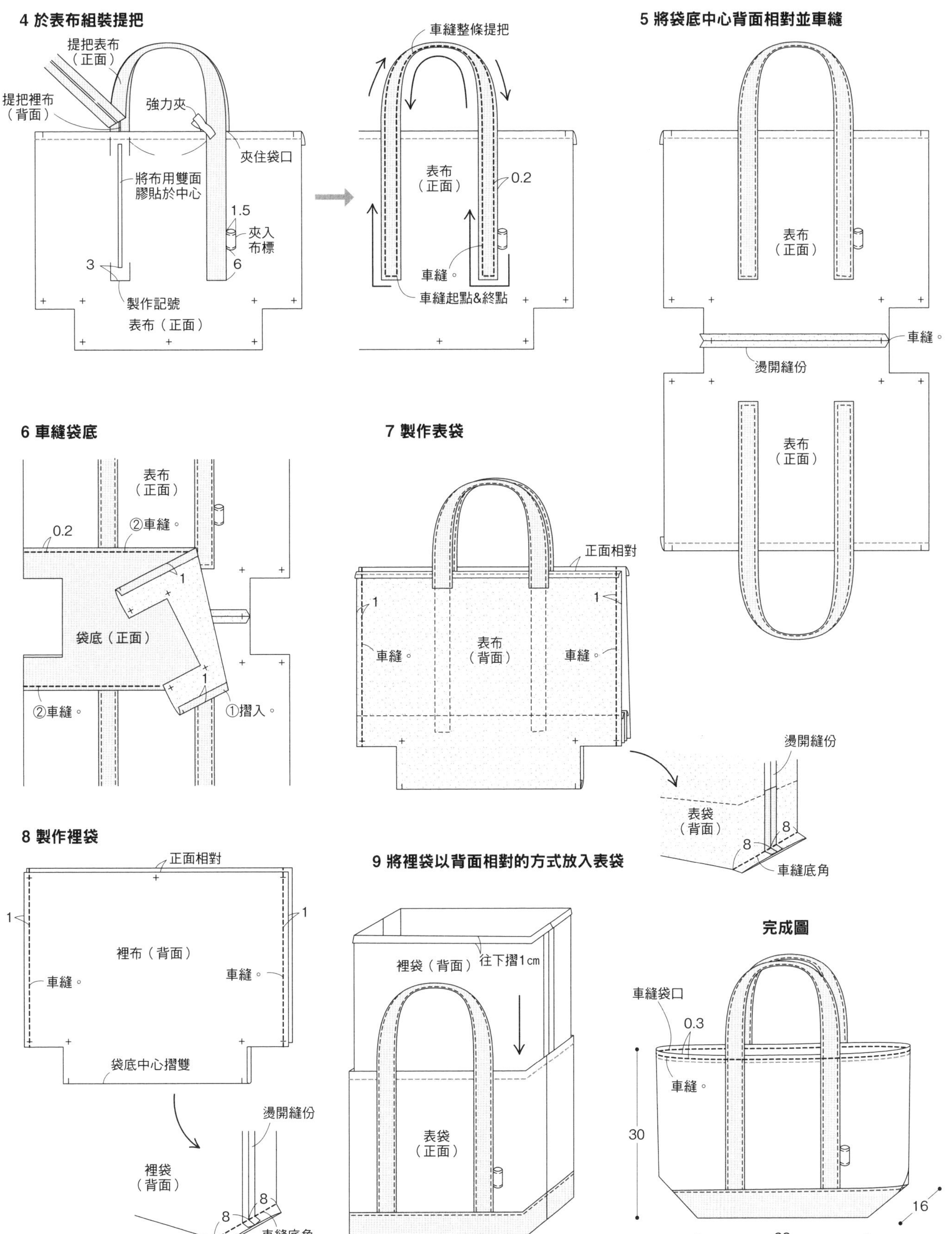
4 於表布組裝提把
提把表布
（正面）
提把裡布
（背面）
強力夾
夾住袋口
將布用雙面
膠貼於中心
1.5
夾入
布標
3
6
製作記號
表布（正面）
車縫整條提把
表布
（正面）
0.2
車縫。
車縫起點&終點
5 將袋底中心背面相對並車縫
表布
（正面）
車縫。
燙開縫份
表布
（正面）
6 車縫袋底
表布
（正面）
0.2
②車縫。
1
袋底（正面）
1
②車縫。
①摺入。
7 製作表袋
正面相對
1
1
表布
（背面）
車縫。
車縫。
燙開縫份
表袋
（背面）
8
8
車縫底角
8 製作裡袋
正面相對
1
1
裡布（背面）
車縫。
車縫。
袋底中心摺雙
燙開縫份
裡袋
（背面）
8
8
車縫底角
9 將裡袋以背面相對的方式放入表袋
裡袋（背面）
往下摺1cm
表袋
（正面）
完成圖
車縫袋口
0.3
車縫。
30
16
32

花朵馬爾歇包

[Photo P.11]

原寸紙型A面<B>1表布·裡布、2表口布·裡口布、3表底·裡袋底、4花瓣

●完成尺寸
袋口寬約55×高約26cm
×側身12.5cm

【材料】

亞麻混紡背包用布（葡萄紫色）75×75cm、亞麻混紡背包用布（米白色）·鋪棉布（米白色）100×40cm、棉布（LIBERTY印花布）65×60cm、接著襯65×35cm、寬1.1cm兩摺邊斜布條織帶35cm、內徑1cm的D型環1個、提把（KM-18／INAZUMA）1組、透明珠3個、木珠2個、胸針1個、棉繩220cm、手工藝用黏著劑適量

裁布圖

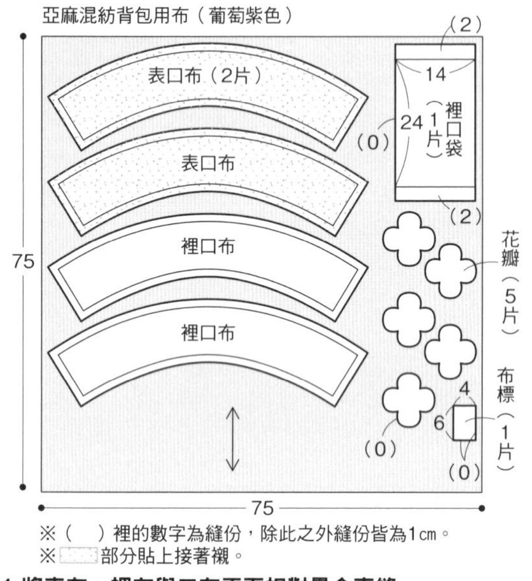

亞麻混紡背包用布（葡萄紫色）
表口布（2片）
表口布
裡口布
裡口布
裡口袋（1片）
花瓣（5片）
布標（1片）
75
75

※（ ）裡的數字為縫份，除此之外縫份皆為1cm。
※ 部分貼上接著襯。

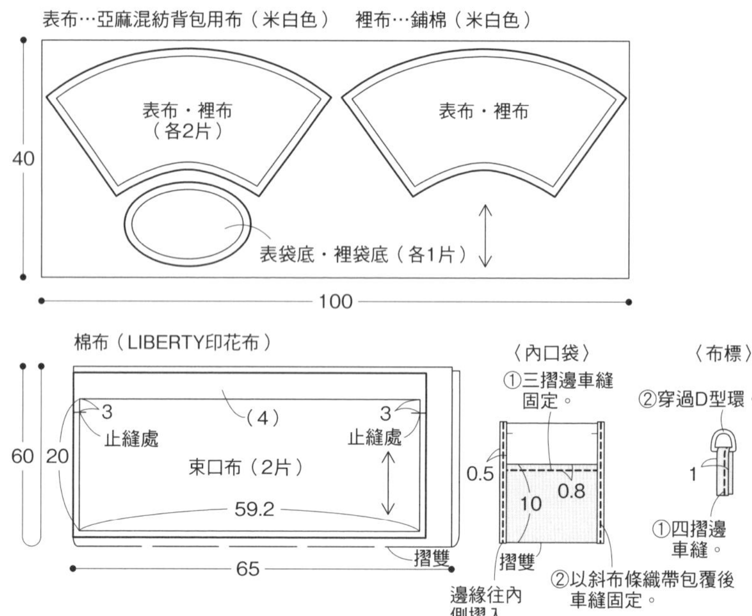

表布…亞麻混紡背包用布（米白色） 裡布…鋪棉（米白色）
表布·裡布（各2片）
表布·裡布
表袋底·裡袋底（各1片）
40
100
棉布（LIBERTY印花布）
止縫處
束口布（2片）
59.2
65
摺雙
〈內口袋〉
①三摺邊車縫固定。
摺雙
邊緣往內側摺入
②以斜布條織帶包覆後車縫固定。
〈布標〉
②穿過D型環。
①四摺邊車縫。

1 將表布、裡布與口布正面相對疊合車縫

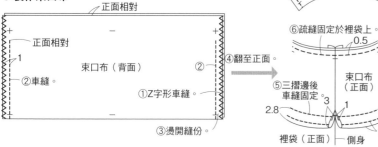

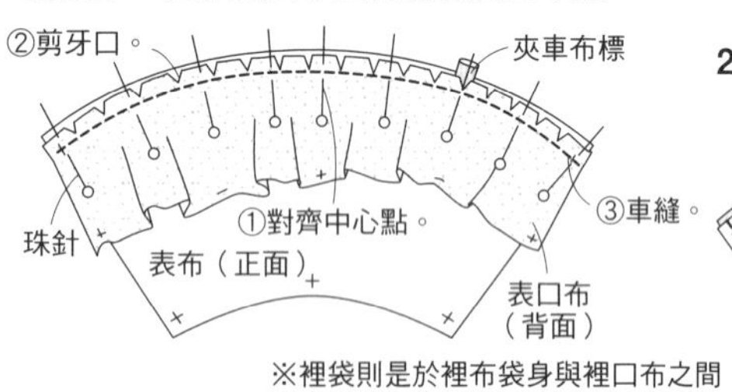

②剪牙口。
夾車布標
珠針
①對齊中心點。
③車縫。
表布（正面）
表口布（背面）

※裡袋則是於裡布袋身與裡口布之間夾入內口袋後，以相同作法車縫。

2 製作表袋&裡袋

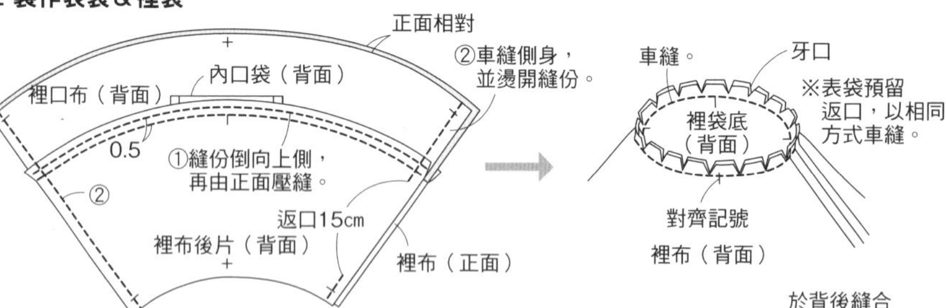

正面相對
②車縫側身，並燙開縫份。
裡口布（背面）
內口袋（背面）
①縫份倒向上側，再由正面壓縫。
返口15cm
裡布後片（背面）
裡布（正面）
車縫。
牙口
裡袋底（背面）
※表袋預留返口，以相同方式車縫。
對齊記號
裡布（背面）

3 製作束口布

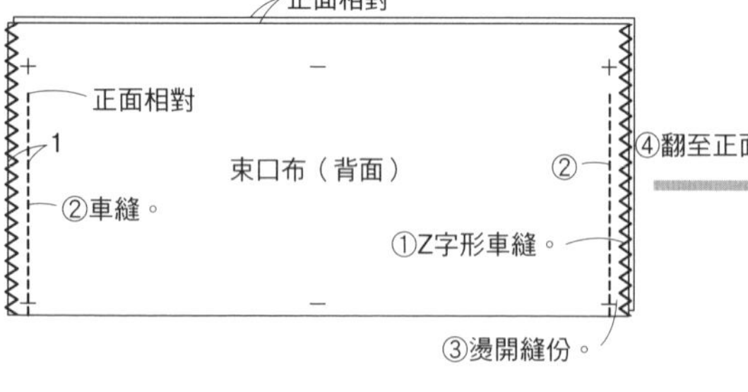

正面相對
正面相對
束口布（背面）
②車縫。
①Z字形車縫。
③燙開縫份。
④翻至正面。
⑥疏縫固定於裡袋上。
束口布（正面）
⑤三摺邊後車縫固定。
裡袋（正面）
側身

〈花飾〉

疊合五片花瓣並縫合固定中心

透明珠

花瓣稍微錯開

於背後縫合固定胸針

重疊處以黏著劑固定

完成圖

4 於表袋組裝提把

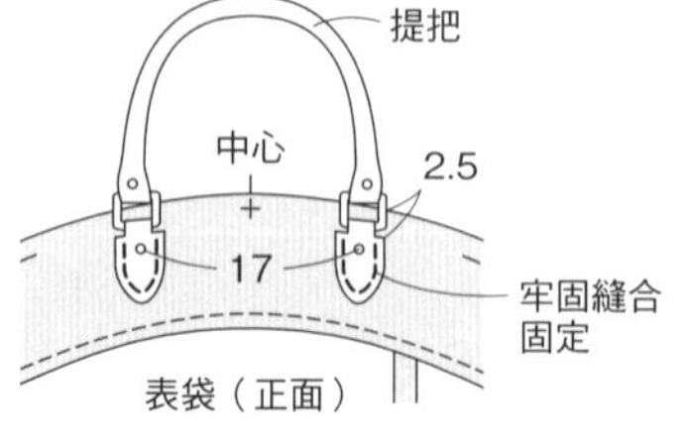

提把
中心
2.5
17
牢固縫合固定
表袋（正面）

5 將表袋&裡袋正面相對對齊車縫袋口

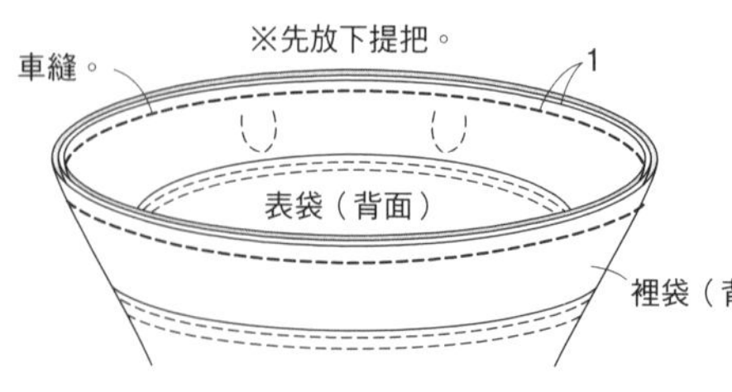

※先放下提把。
車縫。
表袋（背面）
裡袋（背面）

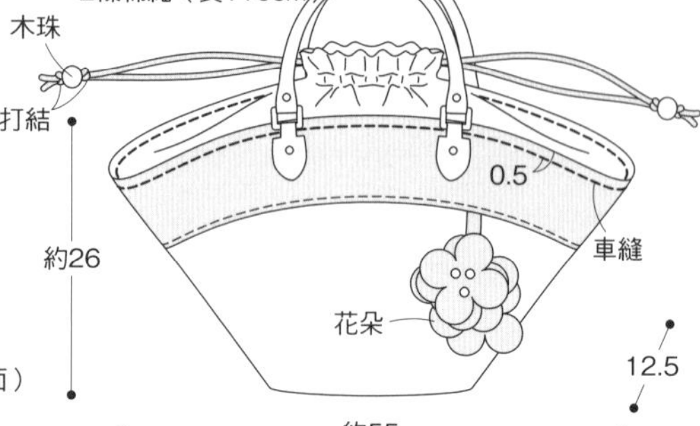

以可活動的方式穿入2條棉繩（長110cm）
木珠
打結
約26
車縫
花朵
12.5
約55

平面小提包

[Photo P.12]

●完成尺寸

寬21×高26×側身2㎝

【材料】

8號帆布（點點印花）55×70㎝、棉布（LIBERTY印花）55×25㎝、滌棉絨布（點點印花）30×70㎝、四合釦1組、長度30㎝的拉鍊1條、寬度1㎝亞麻織帶12㎝、內徑2㎝的D型環2個、附問號鉤背帶1條、3.4×4.3㎝蕾絲花片1片

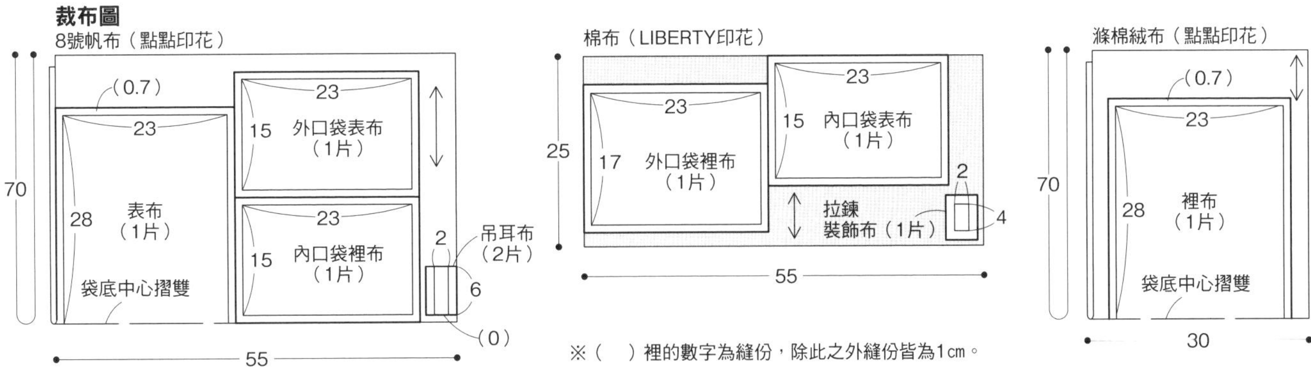

裁布圖
8號帆布（點點印花）
(0.7)
23
70
28
表布（1片）
袋底中心摺雙
15
外口袋表布（1片）
內口袋裡布（1片）
吊耳布（2片）
2
6
(0)
55
棉布（LIBERTY印花）
25
17
外口袋裡布（1片）
內口袋表布（1片）
拉鍊裝飾布（1片）
4
※（　）裡的數字為縫份，除此之外縫份皆為1㎝。
滌棉絨布（點點印花）
裡布（1片）
30

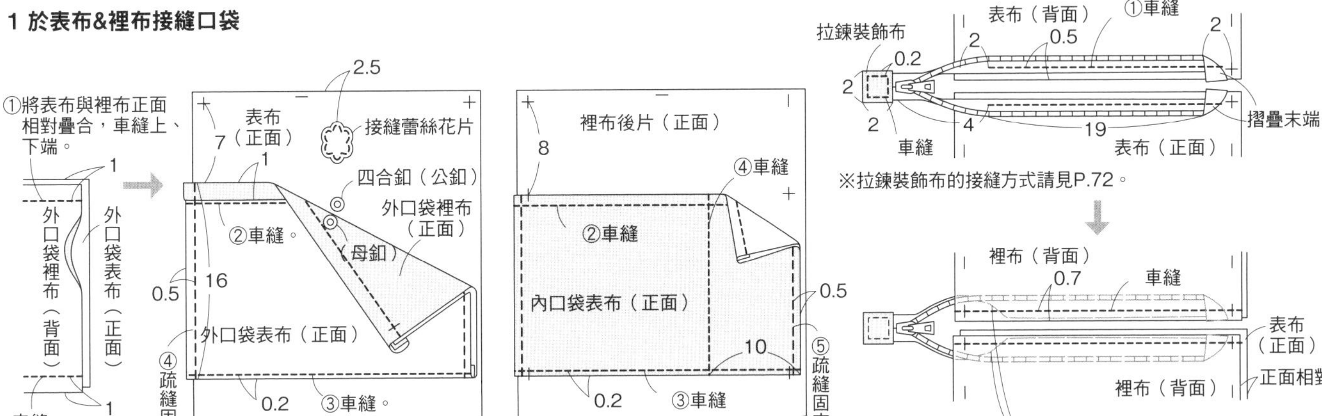

1 於表布&裡布接縫口袋
①將表布與裡布正面相對疊合，車縫上、下端。
外口袋裡布（背面）
外口袋表布（正面）
車縫。
※內口袋也以相同方式車縫。
2.5
表布（正面）
接縫蕾絲花片
四合釦（公釦）
外口袋裡布（正面）
（母釦）
②車縫。
外口袋表布（正面）
④疏縫固定。
③車縫。
裡布後片（正面）
④車縫
②車縫
內口袋表布（正面）
③車縫
⑤疏縫固定。
2 接縫拉鍊
拉鍊裝飾布
表布（背面）
①車縫
車縫
19
摺疊末端
表布（正面）
※拉鍊裝飾布的接縫方式請見P.72。
裡布（背面）
車縫
表布（正面）
正面相對
裡布（背面）
※請注意勿將拉鍊縫入。

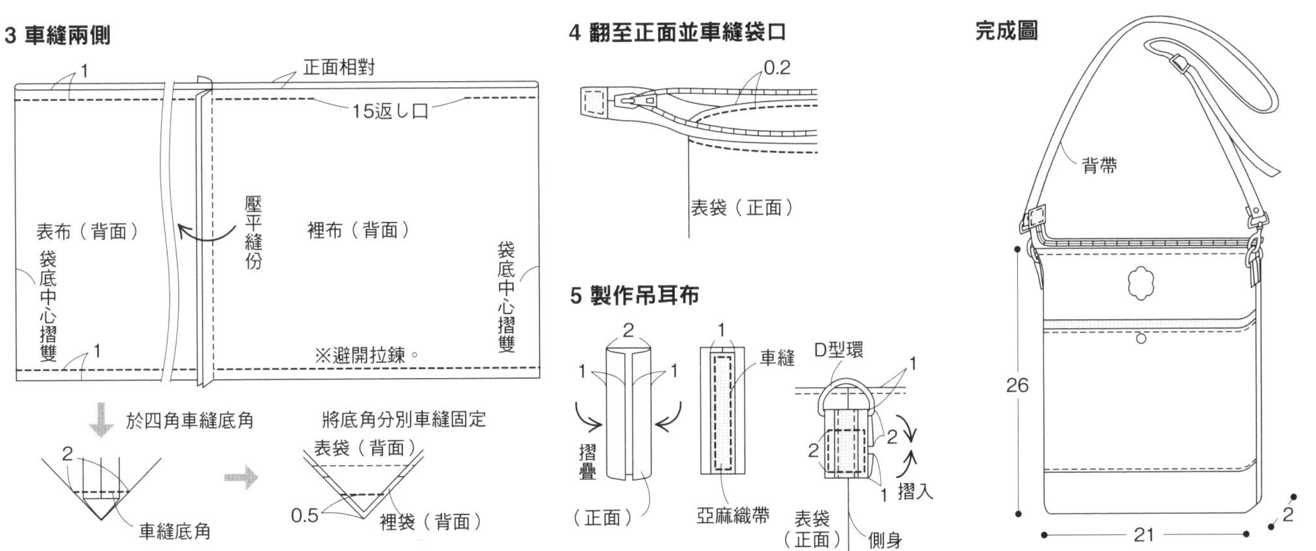

3 車縫兩側
正面相對
15返し口
表布（背面）
袋底中心摺雙
壓平縫份
裡布（背面）
※避開拉鍊。
於四角車縫底角
車縫底角
將底角分別車縫固定
表袋（背面）
裡袋（背面）
4 翻至正面並車縫袋口
表袋（正面）
5 製作吊耳布
摺疊
（正面）
車縫
亞麻織帶
D型環
摺入
表袋（正面）
側身
完成圖
背帶
26
21

鋪棉抓褶肩背包

[Photo P.13]
原寸紙型A面＜C＞1表布·裡布、2表側身、3裡側身、4口布A、5拉鍊口布B

●完成尺寸
寬約30×高約20×側身8cm

【材料】
鋪棉布（花朵印花）90×40cm、棉布（英文印花）90×50cm、棉布（花朵印花）65×10cm、寬度2.5cm的壓克力織帶125cm、寬度3cm的人字織帶60cm、寬度0.7cm的滾邊斜布條織帶150cm、寬度0.5cm的緞帶80cm、厚接著襯30×20cm、長度30cm的拉鍊1條、內徑2.5cm的口型環2個、日型環1個

裁布圖

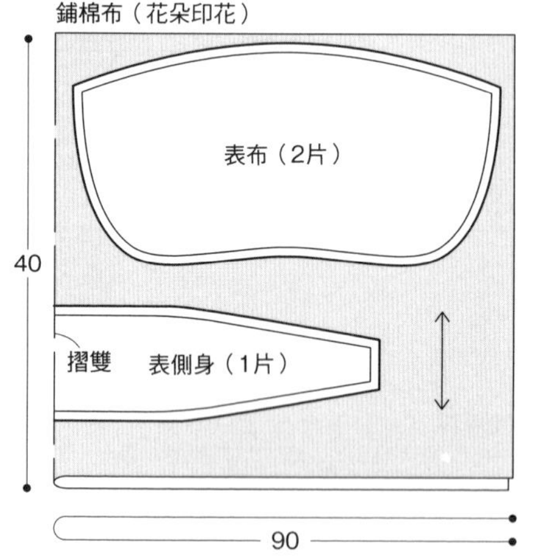

鋪棉布（花朵印花）
表布（2片）
40
摺雙
表側身（1片）
90

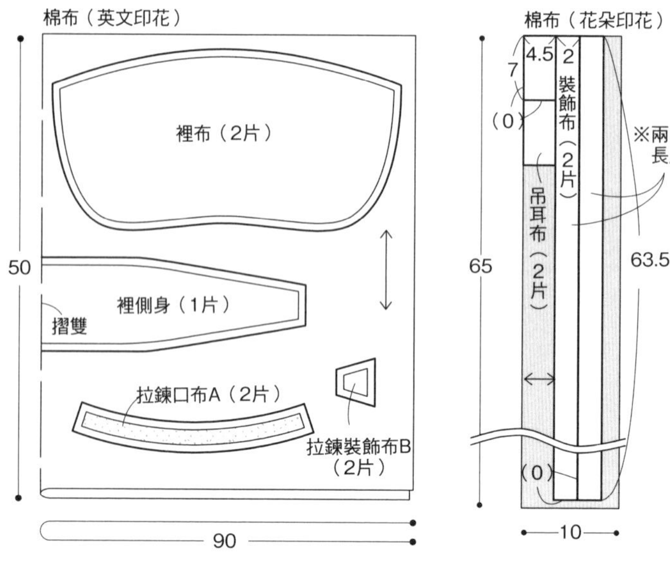

棉布（英文印花）
裡布（2片）
50
摺雙
裡側身（1片）
拉鍊口布A（2片）
拉鍊裝飾布B
（2片）
90
棉布（花朵印花）
4.5
2
7
（0）
裝飾布（2片）
吊耳布（2片）
※兩片接合後
長度為125cm。
65
63.5
（0）
10

※（　）裡的數字為縫份，除此之外縫份皆為1cm。
※▒部分貼上接著襯。

1 製作各部位

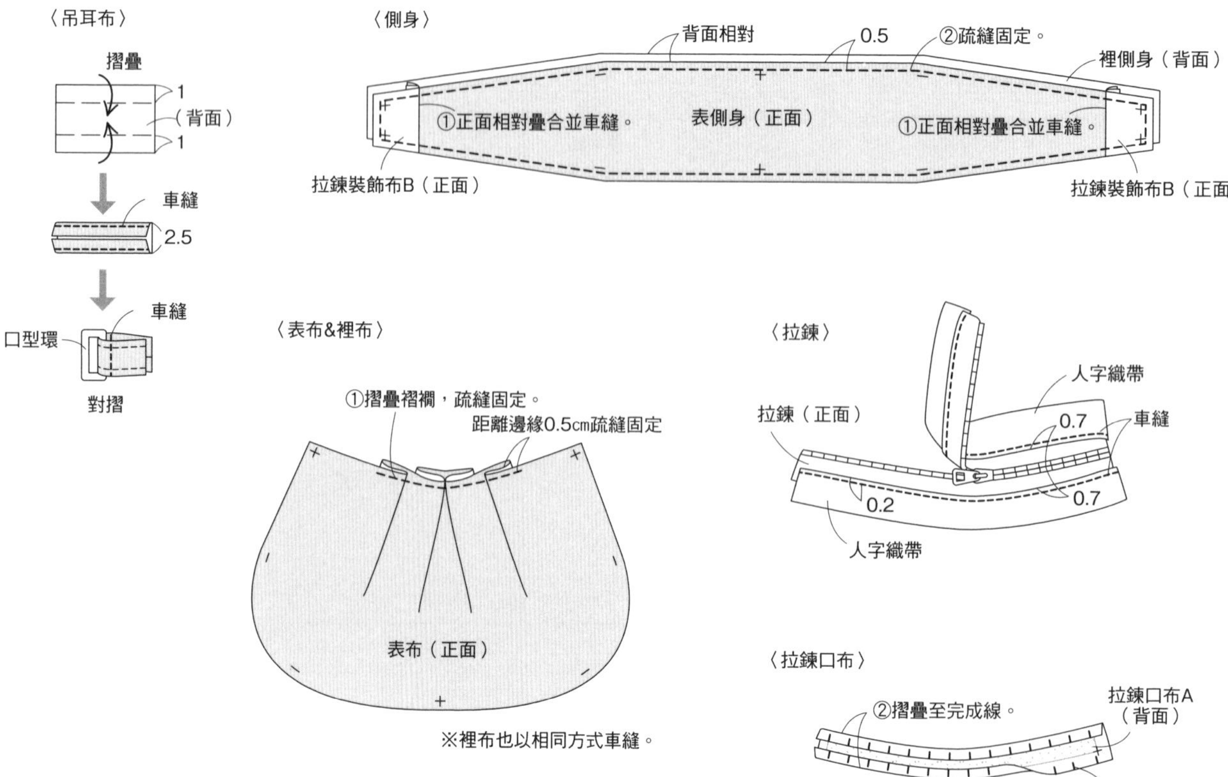

〈吊耳布〉
摺疊
1
（背面）
1
車縫
2.5
車縫
口型環
對摺
〈側身〉
背面相對
0.5
②疏縫固定。
裡側身（背面）
①正面相對疊合並車縫。
表側身（正面）
①正面相對疊合並車縫。
拉鍊裝飾布B（正面）
拉鍊裝飾布B（正面）
〈表布&裡布〉
①摺疊褶襉，疏縫固定。
距離邊緣0.5cm疏縫固定
表布（正面）
※裡布也以相同方式車縫。
〈拉鍊〉
人字織帶
拉鍊（正面）
0.7
車縫
0.2
0.7
人字織帶
〈拉鍊口布〉
②摺疊至完成線。
拉鍊口布A
（背面）
①剪牙口。

2 縫合表布&裡布

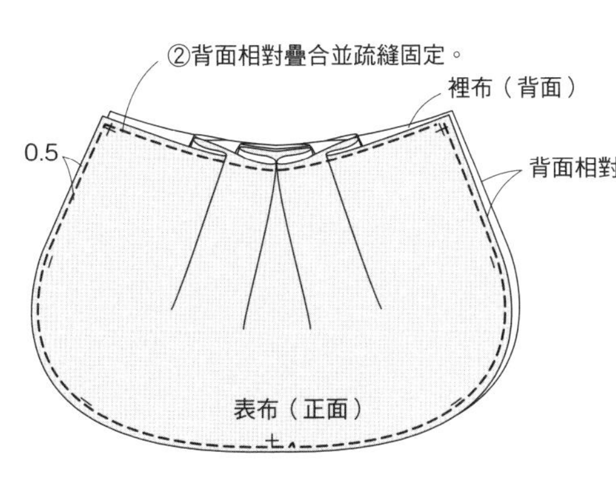
②背面相對疊合並疏縫固定。
裡布（背面）
0.5
背面相對
表布（正面）

3 將拉鍊組裝於本體

將拉鍊口布A與連接拉鍊的人字織帶夾入本體

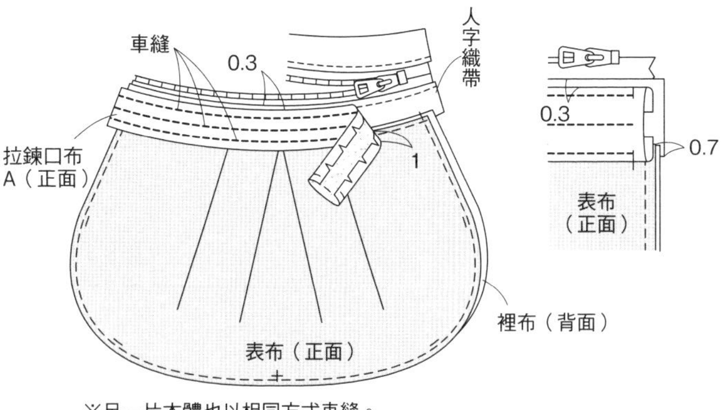
車縫
0.3
人字織帶
拉鍊口布A（正面）
1
0.3
0.7
表布（正面）
裡布（背面）
表布（正面）

※另一片本體也以相同方式車縫。

4 以正面相對的方式疊合本體&側身並車縫固定

將吊耳布暫時疏縫固定於拉鍊兩端

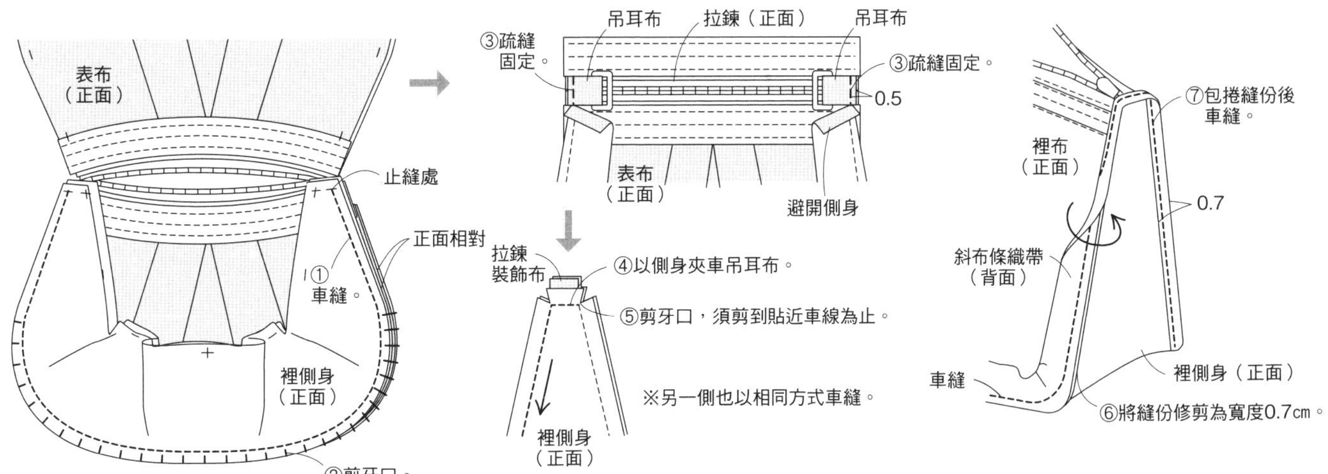
表布（正面）
止縫處
正面相對
①車縫。
裡側身（正面）
②剪牙口。
吊耳布
拉鍊（正面）
吊耳布
③疏縫固定。
③疏縫固定。
0.5
表布（正面）
避開側身
拉鍊裝飾布
④以側身夾車吊耳布。
⑤剪牙口，須剪到貼近車線為止。
※另一側也以相同方式車縫。
裡側身（正面）
⑦包捲縫份後車縫。
裡布（正面）
0.7
斜布條織帶（背面）
車縫
裡側身（正面）
⑥將縫份修剪為寬度0.7cm。

5 接合背帶

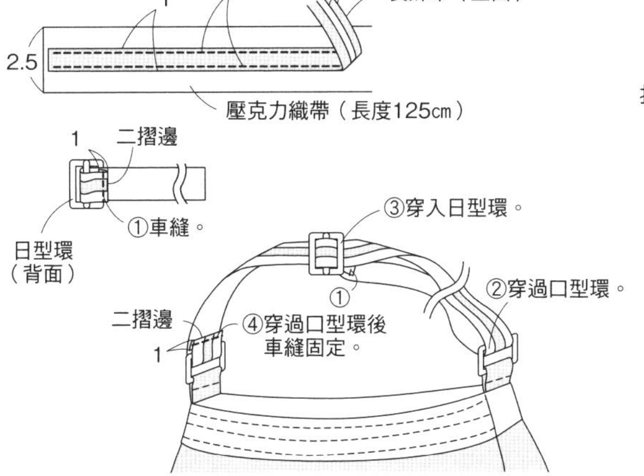
車縫
1
0.5
裝飾布（正面）
2.5
壓克力織帶（長度125cm）
1
二摺邊
①車縫。
日型環（背面）
③穿入日型環。
①
②穿過口型環。
二摺邊
1
④穿過口型環後車縫固定。

6 組裝拉鍊裝飾

完成圖

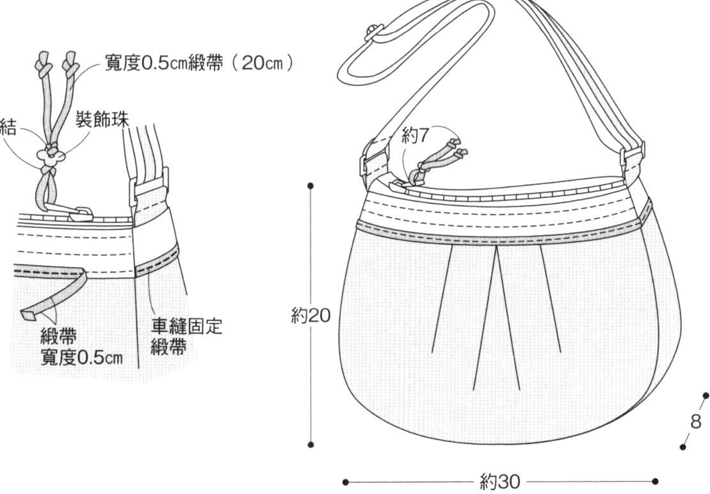
寬度0.5cm緞帶（20cm）
打結
裝飾珠
緞帶寬度0.5cm
車縫固定緞帶
約7
約20
8
約30

郵差包

［Photo P.14］

原寸紙型A面＜D＞1表袋蓋·裡袋蓋、2表袋底·裡袋底

●完成尺寸

寬31×高約25×側身15cm

【材料】

彩色帆布11號（黃色）50×120cm、彩色帆布11號（乳白色）寬110cm×50cm、彩色亞麻布（雞蛋黃色）寬110cm×35cm、棉布（直條紋）10×20cm、接著襯90×95cm、內徑4cm的口型環・內徑3.9cm的日型環各1個、直徑1.2cm的四合釦1組

裁布圖

彩色帆布11號（黃）

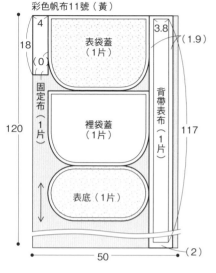

4
18
（0）
固定布（1片）
表袋蓋（1片）
裡袋蓋（1片）
表底（1片）
3.8
（1.9）
背帶表布（1片）
117
120
50
（2）

彩色帆布11號（乳白色）

107
（2）
3.8
（1.9）
背帶裡布（1片）
20
（1.5）
口袋口
口袋（1片）
39.6
使用布邊
50
袋口縫份處不需貼接著襯
表布（2片）
39.6
25
表布
寬110cm

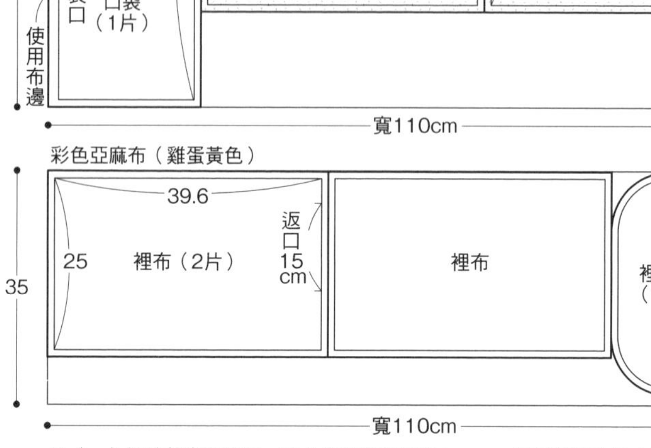

彩色亞麻布（雞蛋黃色）

39.6
25
裡布（2片）
返口15cm
裡布
裡袋底（1片）
35
寬110cm

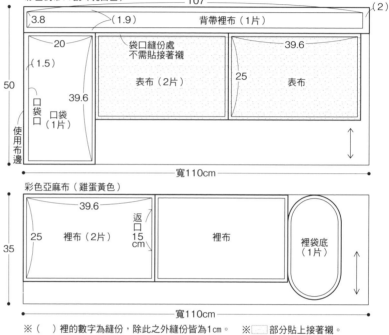

※（　）裡的數字為縫份，除此之外縫份皆為1cm。　※□部分貼上接著襯。

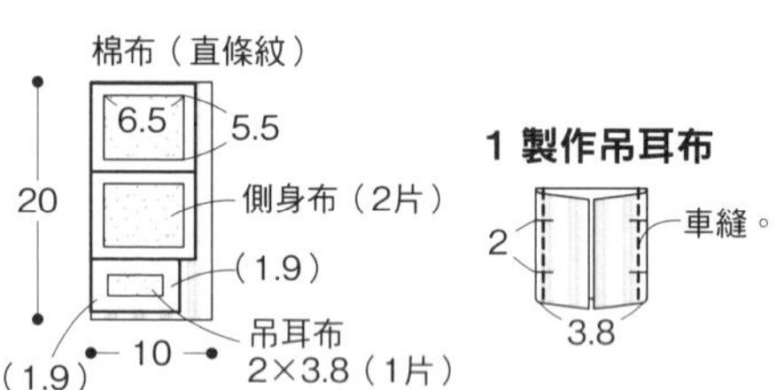

棉布（直條紋）
6.5
5.5
20
側身布（2片）
（1.9）
吊耳布2×3.8（1片）
（1.9）
10

1 製作吊耳布

2
車縫。
3.8

2 製作表袋&裡袋

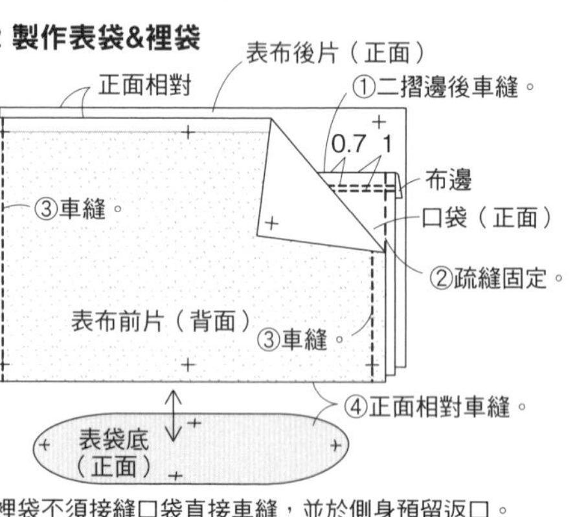

表布後片（正面）
正面相對
①二摺邊後車縫。
0.7
1
布邊
口袋（正面）
③車縫。
②疏縫固定。
表布前片（背面）
③車縫。
④正面相對車縫。
表袋底（正面）

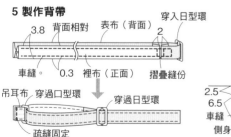

※裡袋不須接縫口袋直接車縫，並於側身預留返口。

3 製作袋蓋

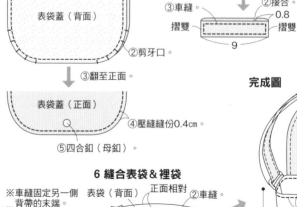

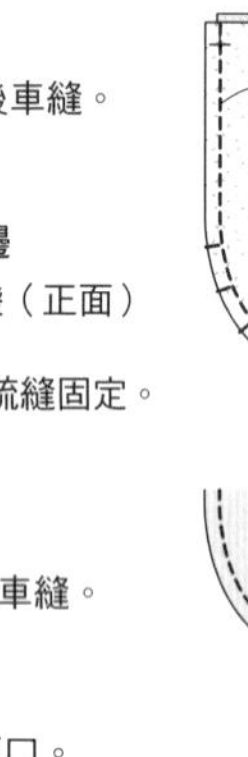

裡袋蓋（正面）
正面相對
①車縫。
表袋蓋（背面）
②剪牙口。
③翻至正面。
表袋蓋（正面）
④壓縫縫份0.4cm。
⑤四合釦（母釦）。

4 製作固定布

①摺疊。
2
②接合。
③車縫。
0.8
摺雙
摺雙
9
④放鬆中心約1cm的距離，車縫固定於表袋。
※位置請見下圖。
四合釦（公釦）
8
1.3
為了能夠牢牢固定請反覆車縫兩次

5 製作背帶

3.8
背面相對
表布（背面）
穿入日型環
2
車縫。
0.3
裡布（正面）
摺疊縫份
吊耳布
穿過口型環
穿過日型環
疏縫固定

6 縫合表袋&裡袋

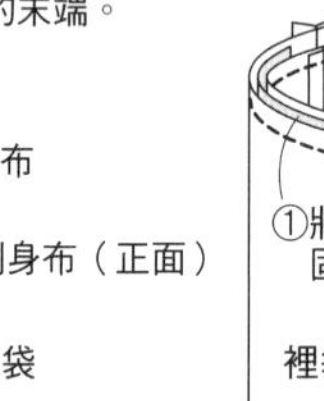

※車縫固定另一側背帶的末端。
吊耳布
2.5
6.5
車縫
側身布（正面）
側身
5.5
口袋

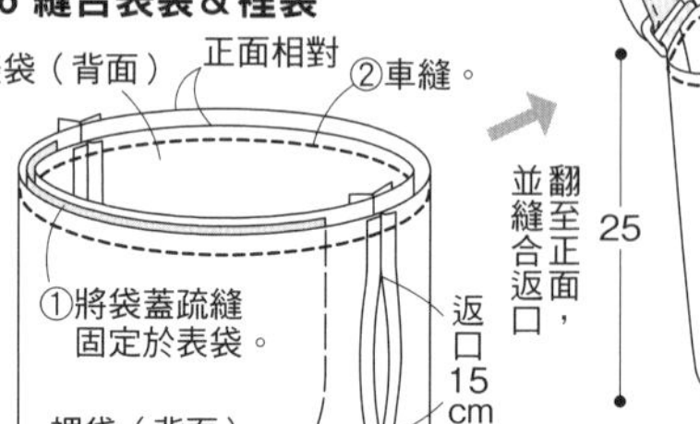

表袋（背面）
正面相對
②車縫。
①將袋蓋疏縫固定於表袋。
裡袋（背面）
返口15cm
翻至正面，並縫合返口

完成圖

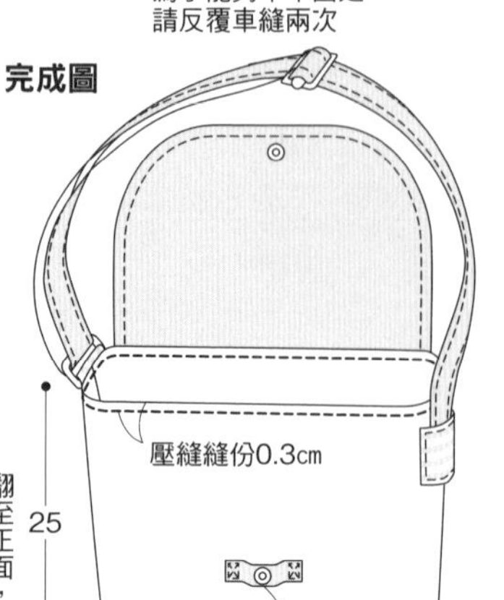

壓縫縫份0.3cm
25
11
15
31

LIBERTY印花祖母包

[Photo P.16]

原寸紙型A面<E>1表布·裡布、2內口袋

●完成尺寸
寬約50×高27cm

【材料】

鋪棉布（LIBERTY印花布）寬110cm×60cm、帆布（米白色）寬110cm×30cm、寬度3cm的壓克力織帶（米白色）205cm、寬度2cm的人字織帶（米白色）60cm、直徑0.3cm的棉繩40cm、皮革4×6cm鉚釘2組、7×3.5側身裝飾布1片

裁布圖

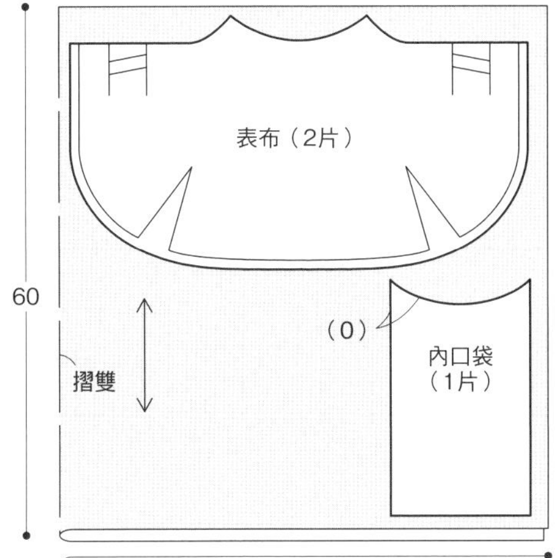

鋪棉布（LIBERTY印花布）
表布（2片）
60
（0）
內口袋
（1片）
摺雙
寬110cm

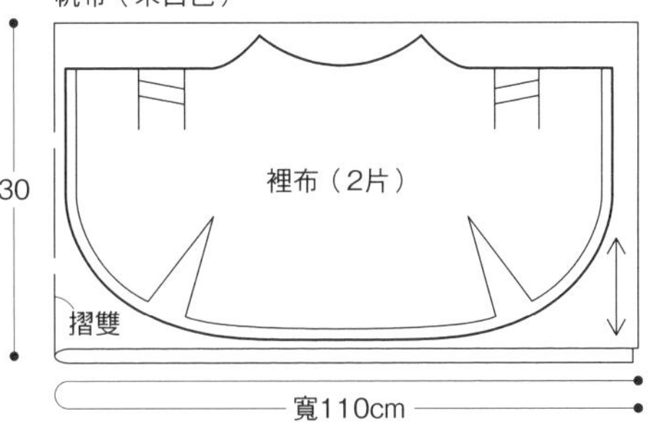

帆布（米白色）
30
裡布（2片）
摺雙
寬110cm
皮革
6
4
側身裝飾布
（1片）
※（　）裡的數字為縫份，
除此之外縫份皆為1cm。

1 製作內口袋

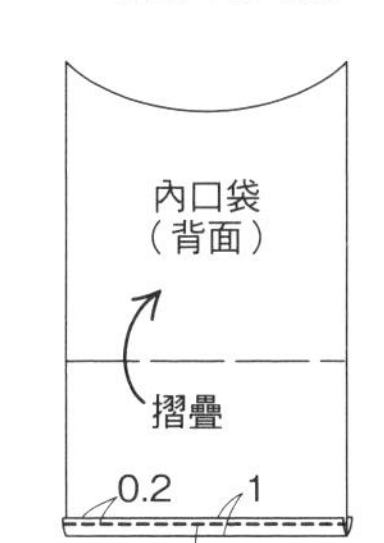

內口袋
（背面）
摺疊
0.2
1
以人字織帶包覆後車縫

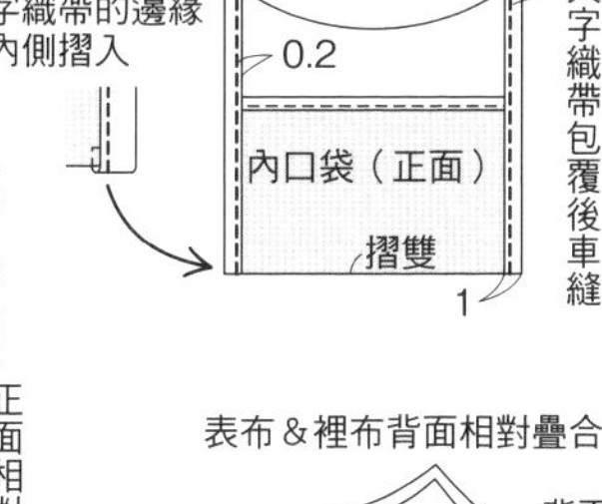

人字織帶的邊緣
往內側摺入
0.2
內口袋（正面）
摺雙
1
以人字織帶包覆後車縫

2 製作表袋&裡袋

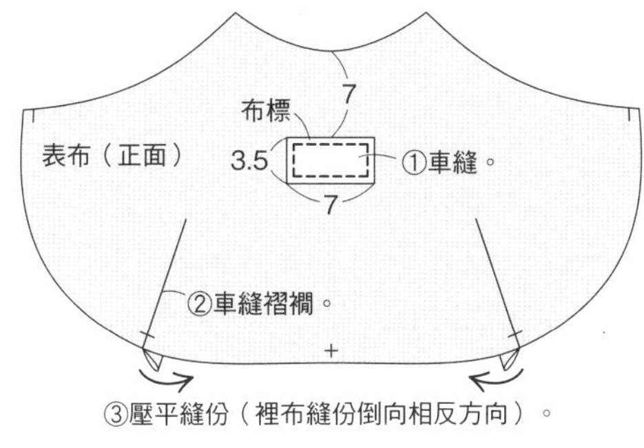

布標
7
表布（正面）
3.5
①車縫。
7
②車縫褶襉。
③壓平縫份（裡布縫份倒向相反方向）。

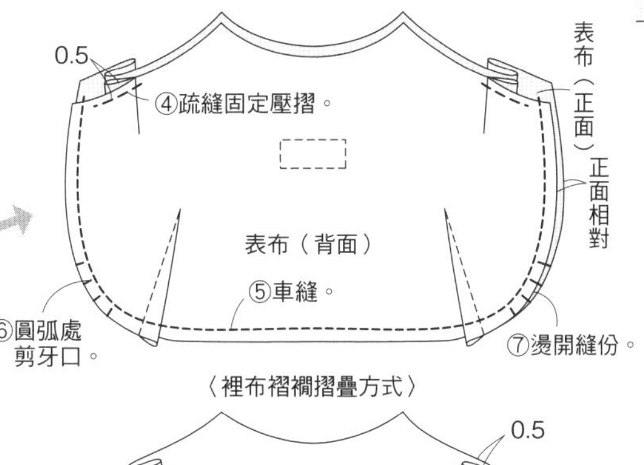

0.5
④疏縫固定壓摺。
表布（正面）
正面相對
表布（背面）
⑤車縫。
⑥圓弧處
剪牙口。
⑦燙開縫份。
〈裡布褶襉摺疊方式〉
0.5
裡布（正面）
※裡袋以相同方式車縫。

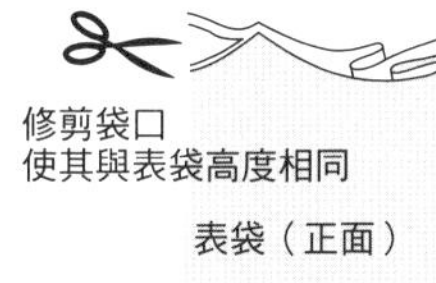

表布&裡布背面相對疊合
背面相對
裡袋（正面）
修剪袋口
使其與表袋高度相同
表袋（正面）

3 車縫袋口

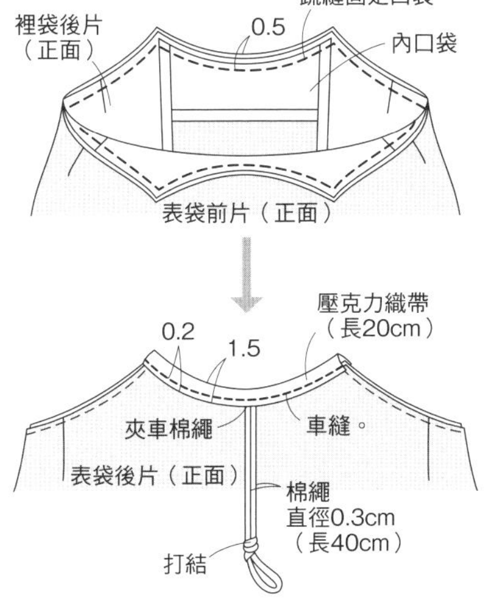

疏縫固定口袋
裡袋後片
（正面）
0.5
內口袋
表袋前片（正面）
壓克力織帶
（長20cm）
0.2
1.5
夾車棉繩
車縫。
表袋後片（正面）
棉繩
直徑0.3cm
（長40cm）
打結

4 製作提把

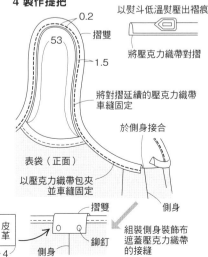

以熨斗低溫熨壓出摺痕

將壓克力織帶對摺

0.2

53

摺雙

1.5

將對摺延續的壓克力織帶車縫固定

於側身接合

表袋（正面）

以壓克力織帶包夾並車縫固定

側身

摺雙

6

皮革

4

鉚釘

側身

組裝側身裝飾布遮蓋壓克力織帶的接縫

完成圖

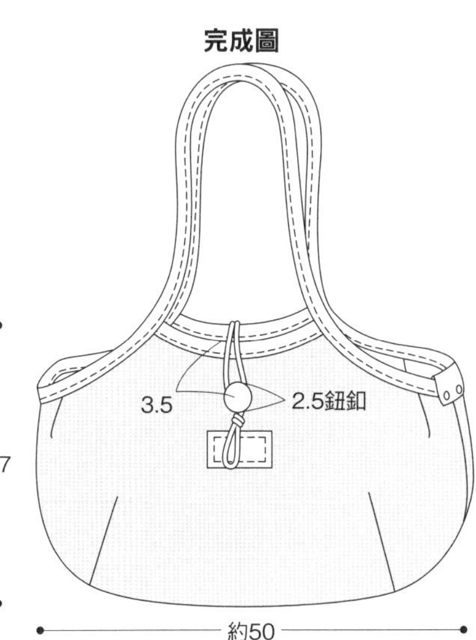

27
3.5
2.5鈕釦
約50

歐姆蕾包

[Photo P.15]

原寸紙型A面<F>1表布·裡布、2表側身·裡側身、3口袋表布·口袋裡布

●完成尺寸
寬28.5×高約20.5
×側身12cm

【材料】

復古風11號帆布（深藍色）110×50cm、帆布（米色）110×50cm、平織棉布（普羅旺斯印花布）110×20cm、長度30cm&40cm的拉鍊各1條、寬度3cm的壓克力織帶162cm、內徑3cm的日型環（AK-24-33／INAZUMA）1個、內徑3cm的口型環（AK-5-30／INAZUMA）2個、布標1片

裁布圖

表布…復古風11號帆布（深藍色）　裡布…帆布（米色）

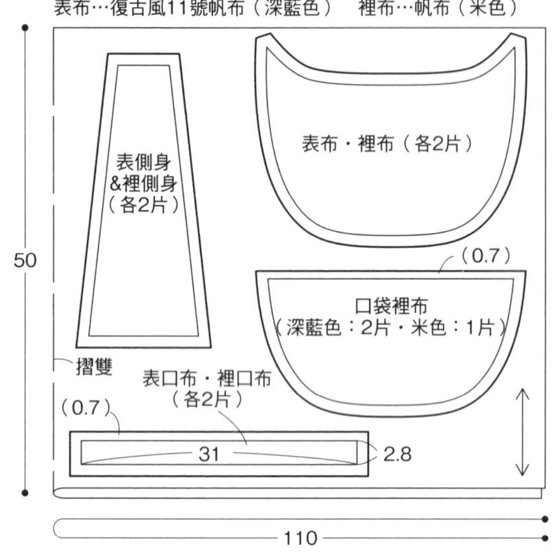

50
表側身
&裡側身
（各2片）
表布・裡布（各2片）
(0.7)
口袋裡布
（深藍色：2片・米色：1片）
摺雙
表口布・裡口布
（各2片）
(0.7)
31
2.8
110

平織棉布（普羅旺斯印花布）

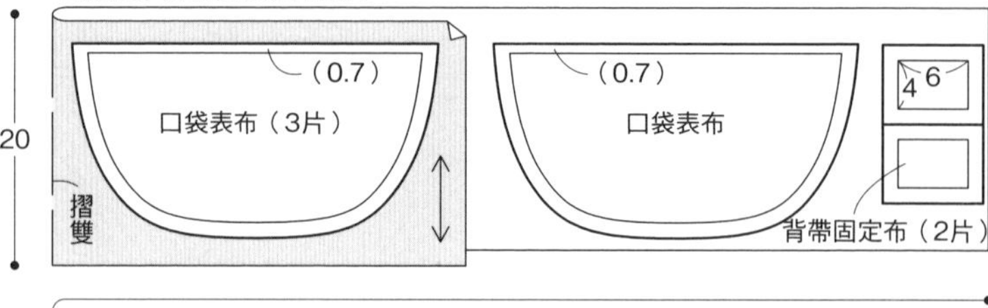

(0.7)
口袋表布（3片）
(0.7)
口袋表布
4
6
20
摺雙
背帶固定布（2片）
110

※（　）裡的數字為縫份，除此之外縫份皆為1cm。
※口袋裡布的外口袋使用深藍色、內口袋則使用米色。

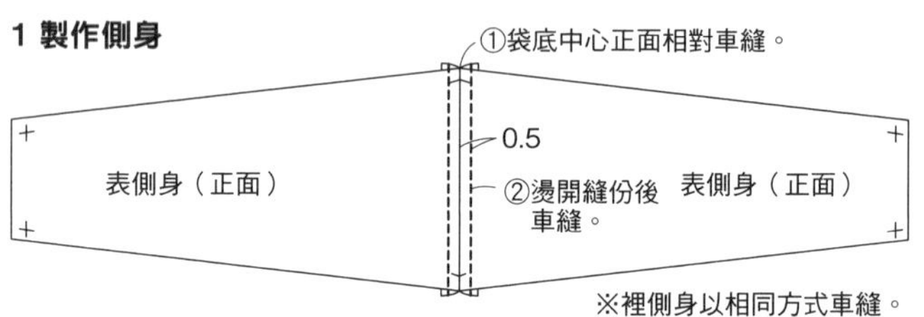

1 製作側身
①袋底中心正面相對車縫。
0.5
表側身（正面）
②燙開縫份後車縫。
表側身（正面）
※裡側身以相同方式車縫。

2 於後片車縫口袋

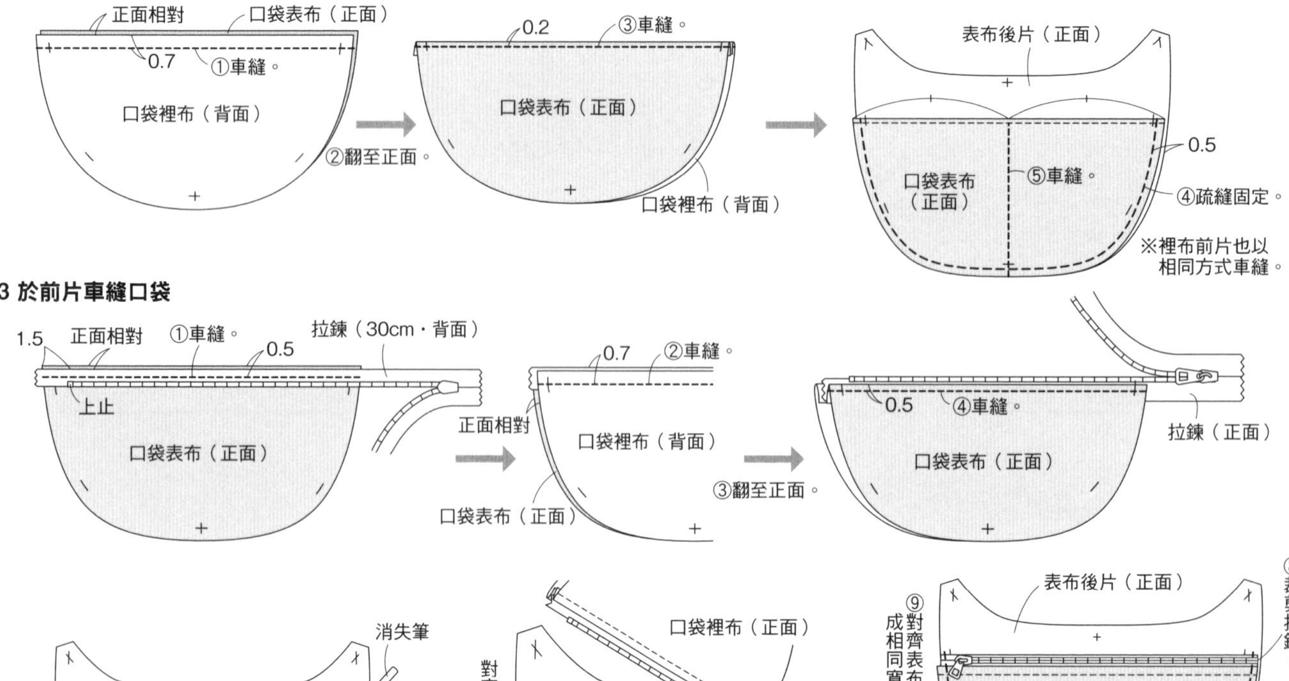

正面相對
口袋表布（正面）
0.7
①車縫。
口袋裡布（背面）
②翻至正面。
0.2
③車縫。
口袋表布（正面）
口袋裡布（背面）
表布後片（正面）
0.5
口袋表布
（正面）
⑤車縫。
④疏縫固定。
※裡布前片也以
相同方式車縫。
3 於前片車縫口袋
1.5
正面相對
①車縫。
0.5
拉鍊（30cm・背面）
上止
口袋表布（正面）
0.7
②車縫。
正面相對
口袋裡布（背面）
口袋表布（正面）
③翻至正面。
0.5
④車縫。
拉鍊（正面）
口袋表布（正面）
消失筆
⑤於口袋組裝處
製作記號。
表布後片（正面）
對齊記號
口袋裡布（正面）
0.5
⑥車縫。
0.2
拉鍊（背面）
表布後片（正面）
⑧裁剪拉鍊。
⑨對齊表布後修剪成相同寬度。
口袋表布（正面）
0.5
⑦疏縫固定。

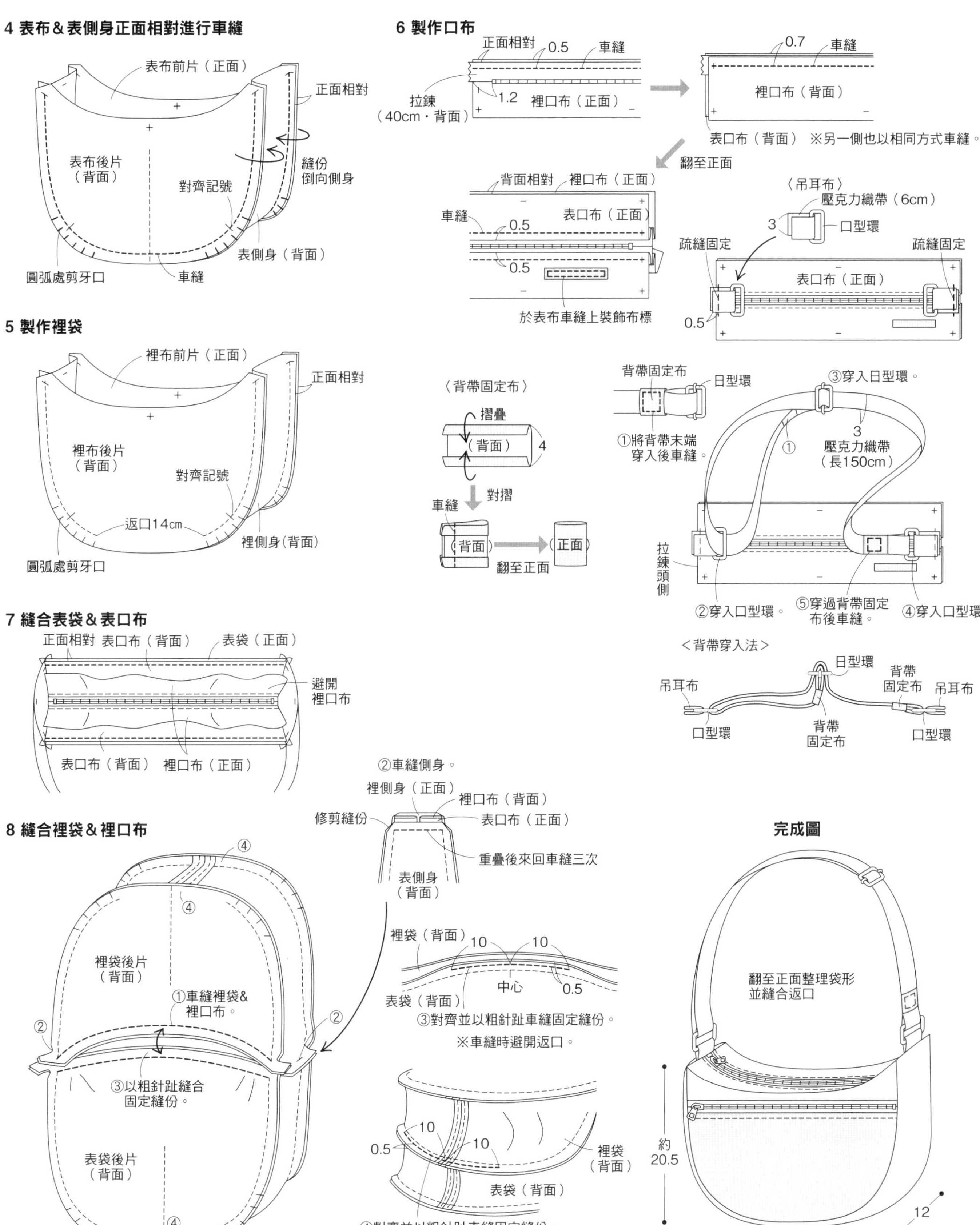
4 表布＆表側身正面相對進行車縫
表布前片（正面）
正面相對
表布後片
（背面）
縫份
倒向側身
對齊記號
表側身（背面）
圓弧處剪牙口
車縫
5 製作裡袋
裡布前片（正面）
正面相對
裡布後片
（背面）
對齊記號
返口14cm
裡側身(背面)
圓弧處剪牙口
6 製作口布
正面相對
0.5
車縫
拉鍊
（40cm・背面）
1.2
裡口布（正面）
0.7
車縫
裡口布（背面）
表口布（背面） ※另一側也以相同方式車縫。
翻至正面
背面相對
裡口布（正面）
車縫
0.5
表口布（正面）
0.5
於表布車縫上裝飾布標
〈吊耳布〉
壓克力織帶（6cm）
3
口型環
疏縫固定
疏縫固定
表口布（正面）
0.5
〈背帶固定布〉
摺疊
（背面）
4
對摺
車縫
背面
翻至正面
正面
背帶固定布
日型環
①將背帶末端
穿入後車縫。
③穿入日型環。
①
3
壓克力織帶
（長150cm）
拉
鍊
頭
側
②穿入口型環。
⑤穿過背帶固定
布後車縫。
④穿入口型環。
<背帶穿入法>
日型環
背帶
固定布
吊耳布
吊耳布
口型環
背帶
固定布
口型環
7 縫合表袋＆表口布
正面相對
表口布（背面）
表袋（正面）
避開
裡口布
表口布（背面）
裡口布（正面）
8 縫合裡袋＆裡口布
②車縫側身。
裡側身（正面）
裡口布（背面）
修剪縫份
表口布（正面）
重疊後來回車縫三次
表側身
（背面）
④
④
裡袋後片
（背面）
①車縫裡袋&
裡口布。
②
②
③以粗針趾縫合
固定縫份。
表袋後片
（背面）
④
裡袋（背面）
10
10
中心
0.5
表袋（背面）
③對齊並以粗針趾車縫固定縫份。
※車縫時避開返口。
10
0.5
10
裡袋
（背面）
表袋（背面）
④對齊並以粗針趾車縫固定縫份。
完成圖
翻至正面整理袋形
並縫合返口
約
20.5
12
28.5

格紋抽褶祖母包

［Photo P.17］
原寸紙型A面<G>1表布·裡布、2口布

●完成尺寸
寬約40×高約32×側身8cm

【材料】
亞麻布（格紋）寬110cm×50cm、亞麻布（紫色）70×35cm、棉麻（點點印花）寬110cm×50cm、接著襯110×70cm、蕾絲花片約14×11cm 1片、木製提把（PM-31／INAZUMA）1組

裁布圖

亞麻布（格紋）

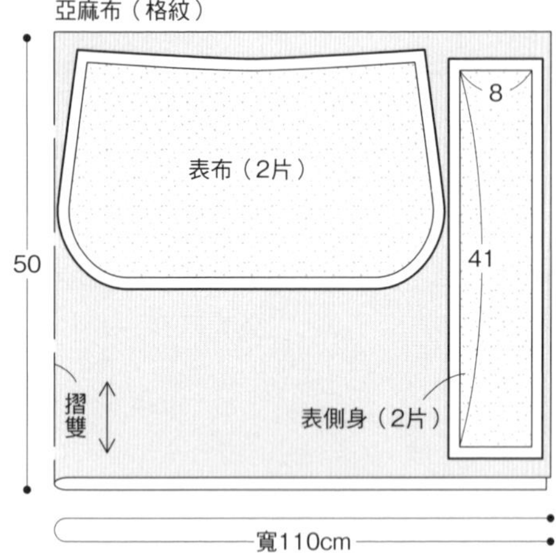

表布（2片）
8
41
50
摺雙
表側身（2片）
寬110cm

棉麻（點點印花）

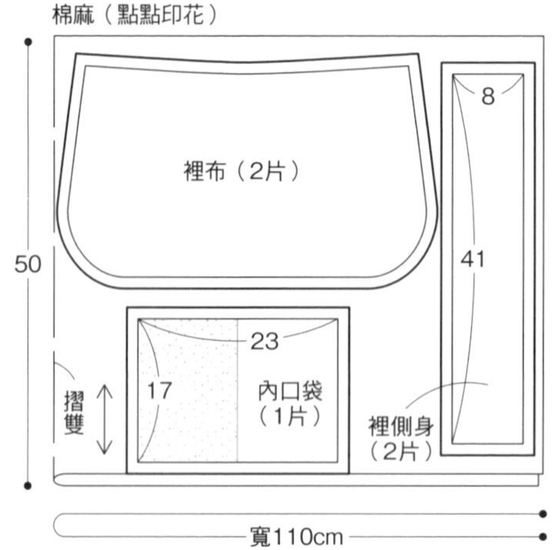

裡布（2片）
8
41
50
23
17
內口袋（1片）
摺雙
裡側身（2片）
寬110cm

亞麻布（紫色）

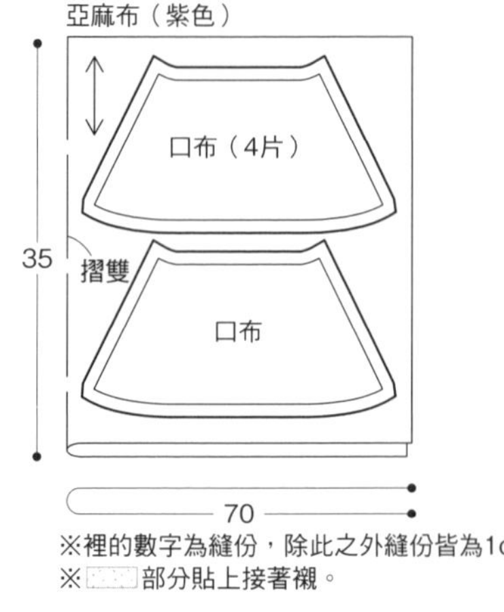

口布（4片）
35
摺雙
口布
70

※裡的數字為縫份，除此之外縫份皆為1c
※ 部分貼上接著襯。

1 車縫側身底部

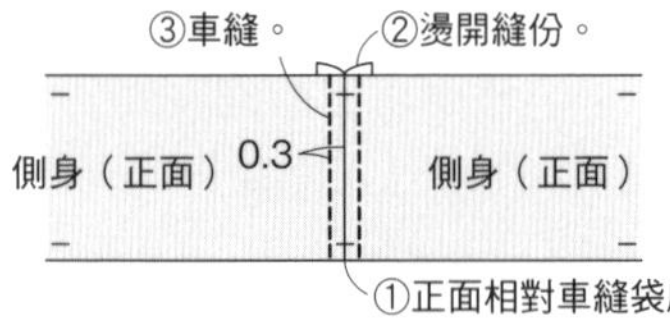

③車縫。
②燙開縫份。
側身（正面）
0.3
側身（正面）
①正面相對車縫袋底中心。

※裡側身也以相同方式車縫。

2 表布&表側身正面相對車縫

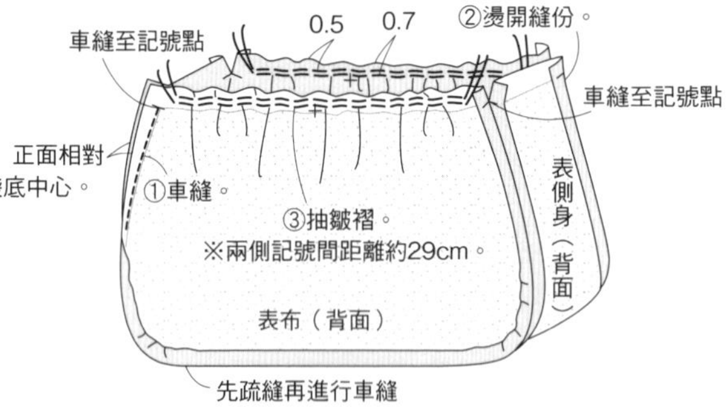

車縫至記號點
0.5
0.7
②燙開縫份。
車縫至記號點
正面相對
①車縫。
③抽皺褶。
※兩側記號間距離約29cm。
表側身（背面）
表布（背面）
先疏縫再進行車縫

3 製作裡袋

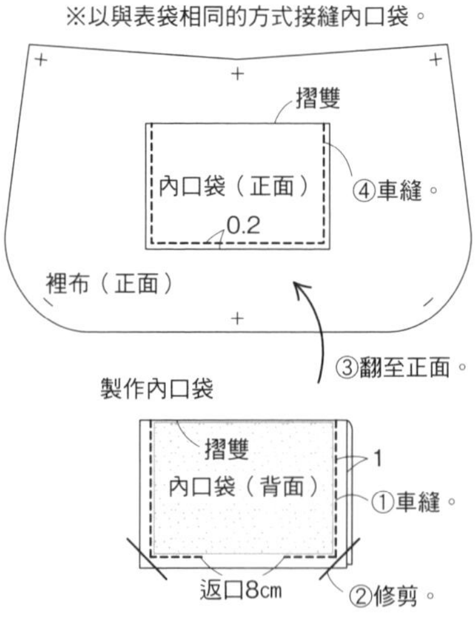

※以與表袋相同的方式接縫內口袋。

摺雙
內口袋（正面）
④車縫。
0.2
裡布（正面）
③翻至正面。

製作內口袋

摺雙
1
內口袋（背面）
①車縫。
返口8cm
②修剪。

4 表袋&裡袋正面相對接合

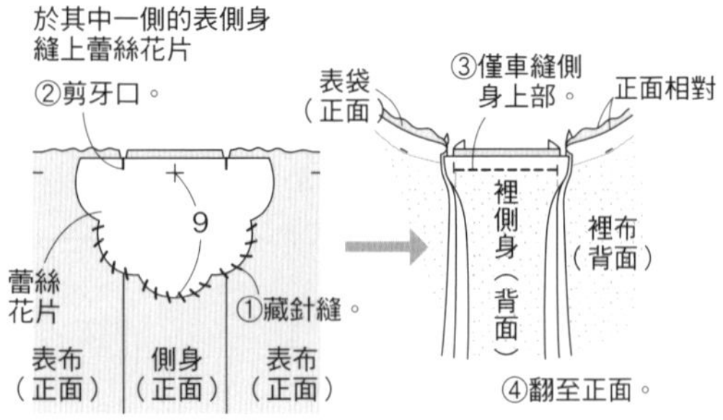

於其中一側的表側身縫上蕾絲花片
②剪牙口。
9
蕾絲花片
①藏針縫。
表布（正面）
側身（正面）
表布（正面）
表袋（正面）
③僅車縫側身上部。
正面相對
裡側身（背面）
裡布（背面）
④翻至正面。

5 製作口布

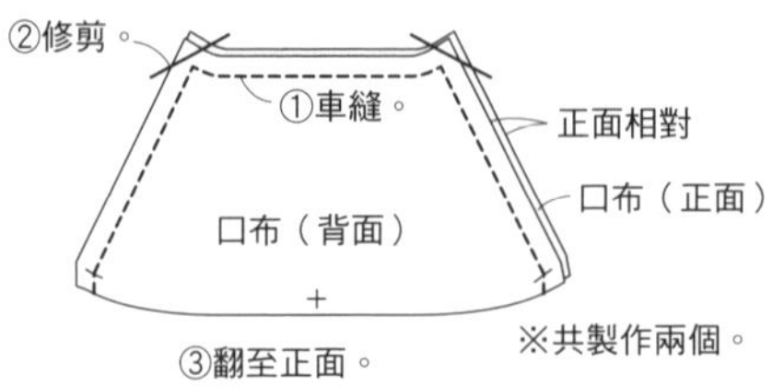

②修剪。
①車縫。
正面相對
口布（正面）
口布（背面）
③翻至正面。
※共製作兩個。

完成圖

約32
8
約40

6 接縫口布

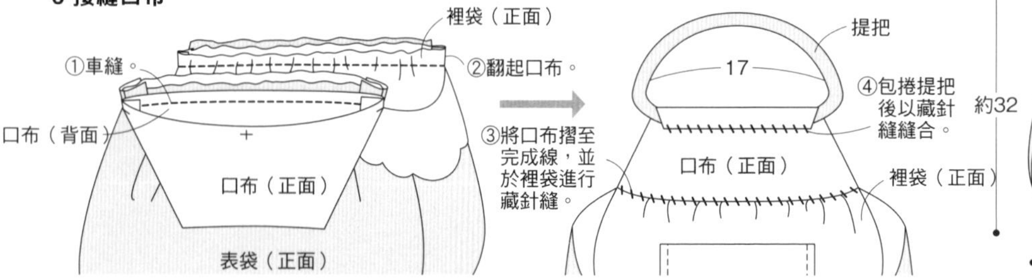

裡袋（正面）
①車縫。
②翻起口布。
口布（背面）
口布（正面）
表袋（正面）
③將口布摺至完成線，並於裡袋進行藏針縫。
提把
17
④包捲提把後以藏針縫縫合。
口布（正面）
裡袋（正面）

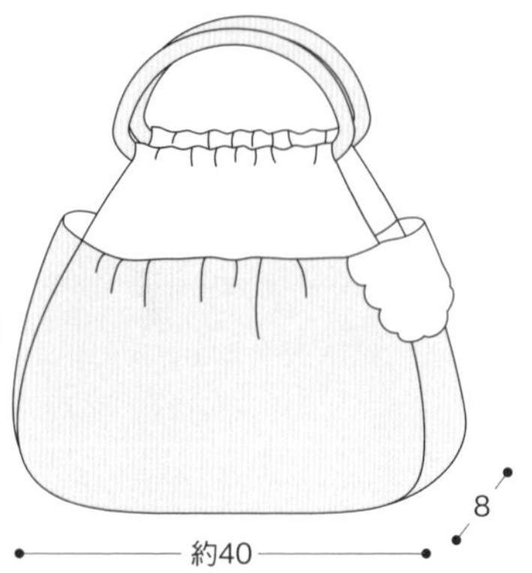

長提把鬱金香包

［Photo P.18］

原寸紙型A面<H>1表布·裡布、2表側身·裡側身、3內口袋

●完成尺寸

寬30×高33.5×側身16cm

【材料】

雙面鋪棉布（花朵印花）110×50cm、尼龍布（卡其）110×80cm、寬度2cm的壓克力織帶300cm、寬度0.3cm的花邊帶300cm、直徑1.8cm的磁釦1組

裁布圖

雙面鋪棉布（花朵印花）

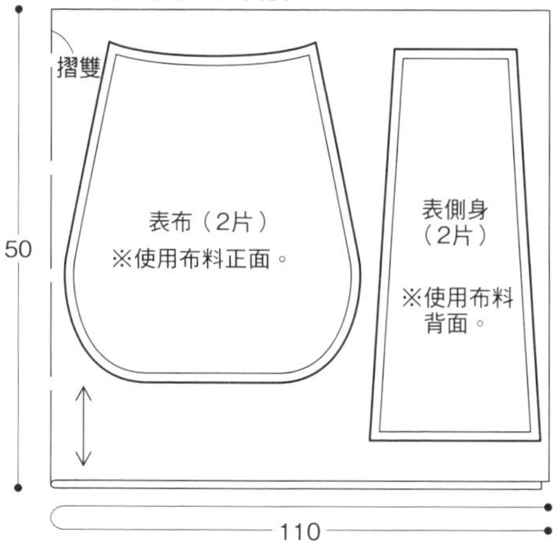

摺雙

表布（2片）
※使用布料正面。

表側身（2片）
※使用布料背面。

50

110

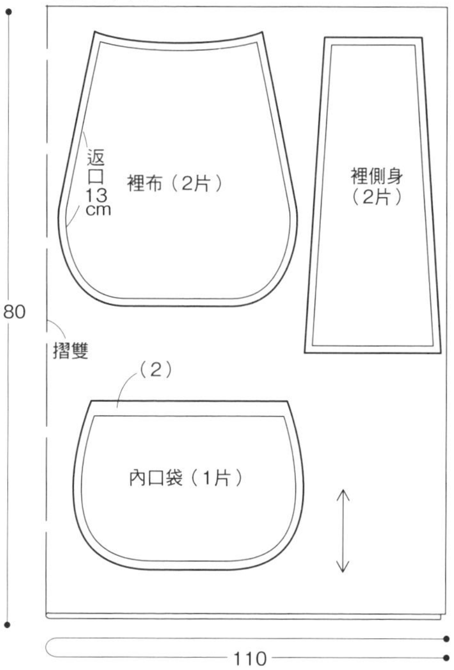

※（　）裡的數字為縫份，除此之外縫份皆為1cm。

尼龍布（卡其）

返口13cm

裡布（2片）

裡側身（2片）

80

摺雙

（2）

內口袋（1片）

110

1 接縫內口袋

0.8

三摺邊車縫

內口袋（正面）

磁釦

4

裡布（正面）

0.5

疏縫固定

內口袋（正面）

車縫。

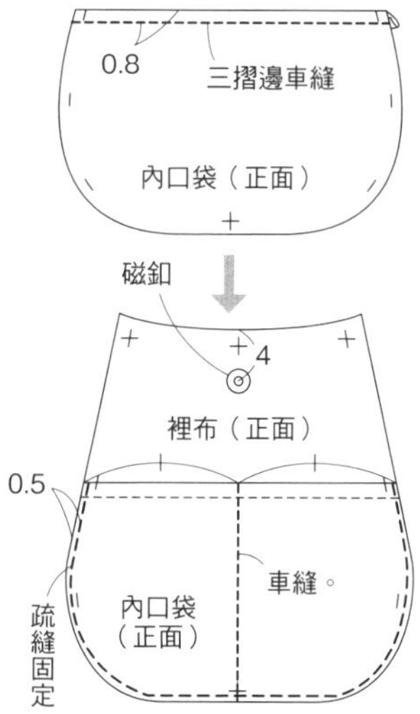

※另一側裡布也需接縫磁釦。

2 車縫側身袋底中心

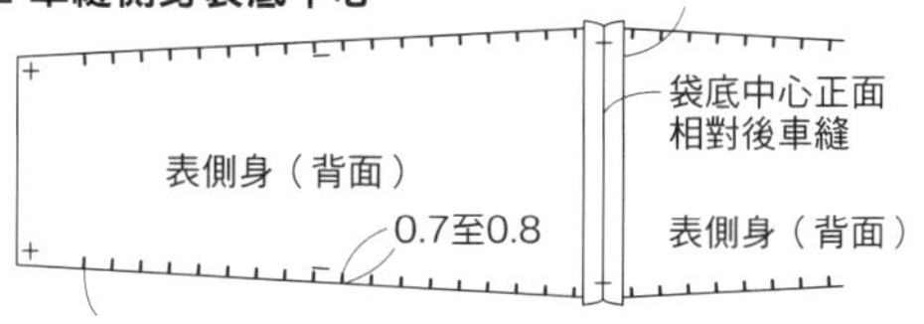

燙開縫份

袋底中心正面相對後車縫

表側身（背面）

0.7至0.8

表側身（背面）

於縫份上剪間隔1.5cm牙口

※裡側身也以相同方式車縫。

<提把>

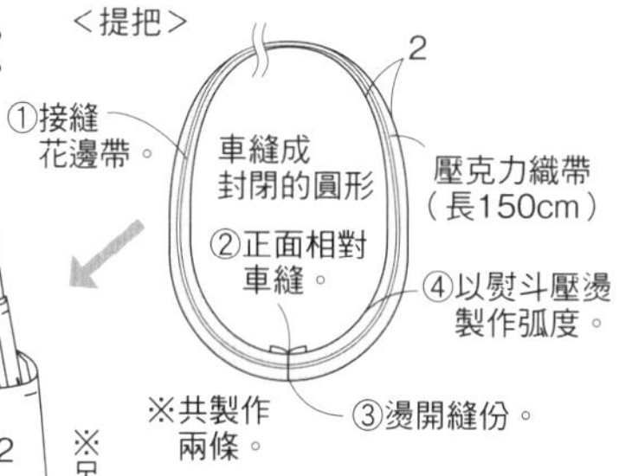

①接縫花邊帶。

車縫成封閉的圓形

2

壓克力織帶（長150cm）

②正面相對車縫。

④以熨斗壓燙製作弧度。

※共製作兩條。

③燙開縫份。

3 正面相對車縫表布&側身

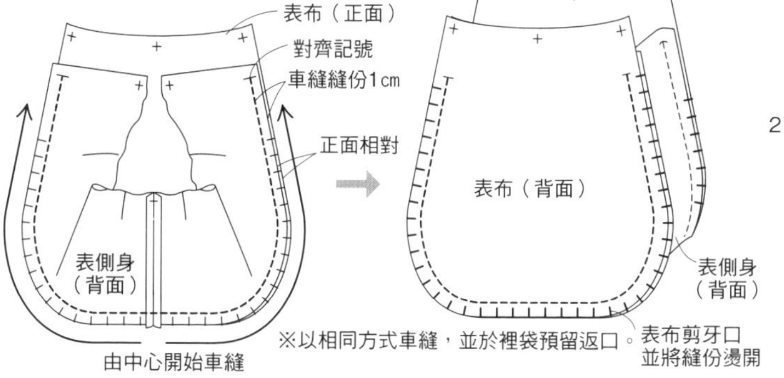

表布（正面）

對齊記號

車縫縫份1cm

正面相對

表側身（背面）

由中心開始車縫

表布（正面）

表布（背面）

表側身（背面）

※以相同方式車縫，並於裡袋預留返口。

表布剪牙口並將縫份燙開

4 於表袋車縫提把

2

2

2

2

車縫。

表袋（正面）

於袋底中心對齊提把車縫線

由中心開始車縫

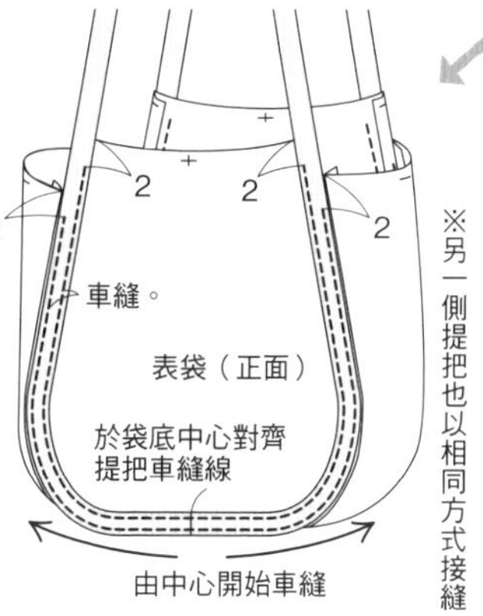

※另一側提把也以相同方式接縫。

完成圖

33.5

16

30

5 表袋&裡袋正面相對疊合

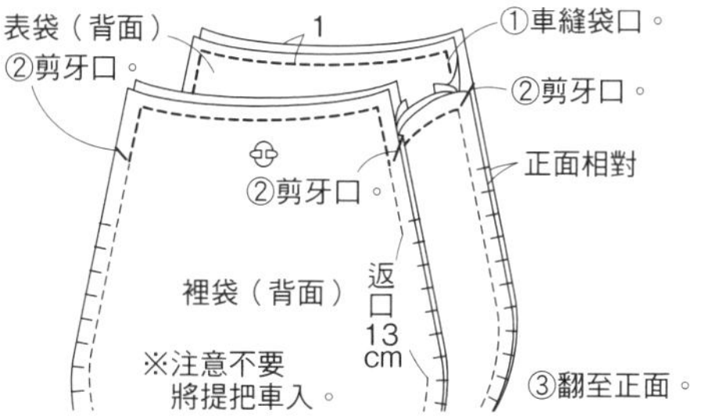

表袋（背面）

1

①車縫袋口。

②剪牙口。

②剪牙口。

正面相對

②剪牙口。

裡袋（背面）

返口13cm

※注意不要將提把車入。

③翻至正面。

6 車縫袋口

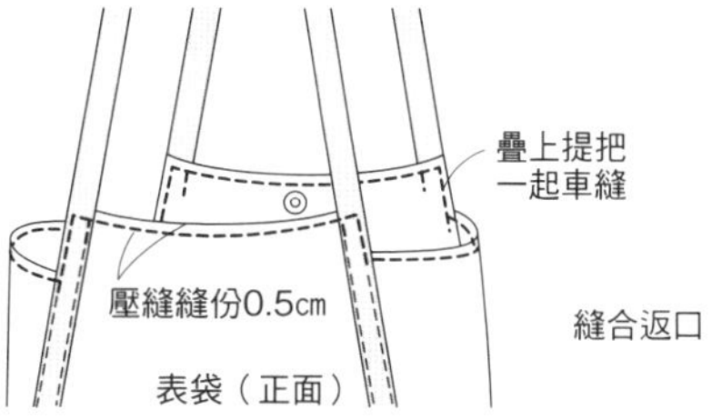

疊上提把一起車縫

壓縫縫份0.5cm

縫合返口

表袋（正面）

寬版鬱金香包

［Photo P.19］

原寸紙型A面<I>1表布·裡布、2表側身·裡側身、3外口袋

●完成尺寸

寬32×高32×側身13cm

【材料】

亞麻布（黑色）100×60cm、亞麻布（點點印花）70×40cm、亞麻布（綠色）110×40cm、接著襯70×80cm、皮製提把1組、寬度1cm的滾邊斜布條25cm、蕾絲8cm、鉚釘8組

裁布圖

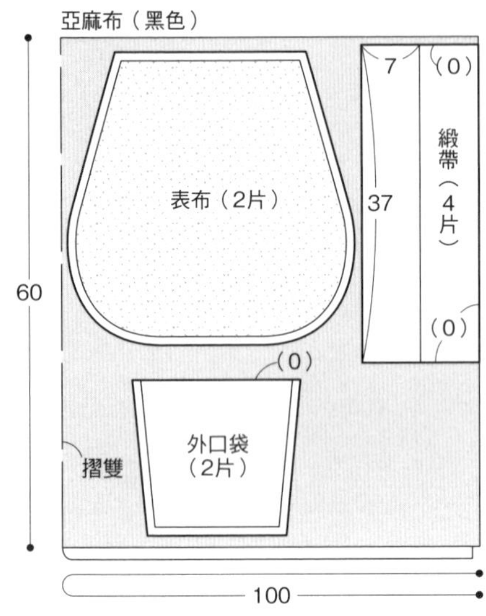

亞麻布（黑色）
7
(0)
緞帶（4片）
37
表布（2片）
60
(0)
(0)
外口袋（2片）
摺雙
100

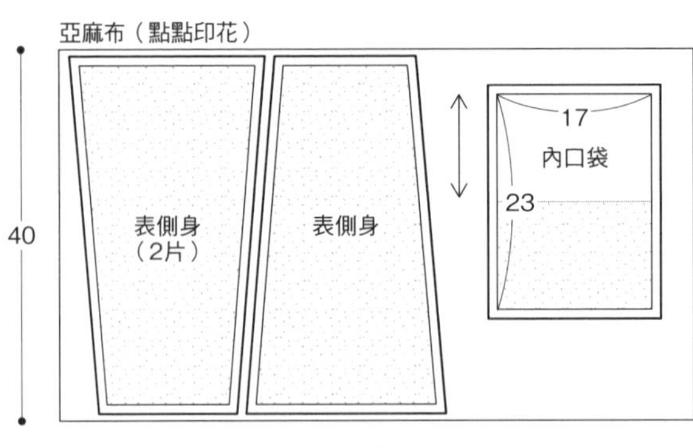

亞麻布（點點印花）
40
表側身（2片）
表側身
17
內口袋
23
70

※（ ）裡的數字為縫份，除此之外縫份皆為1cm。

※□部分貼上接著襯。

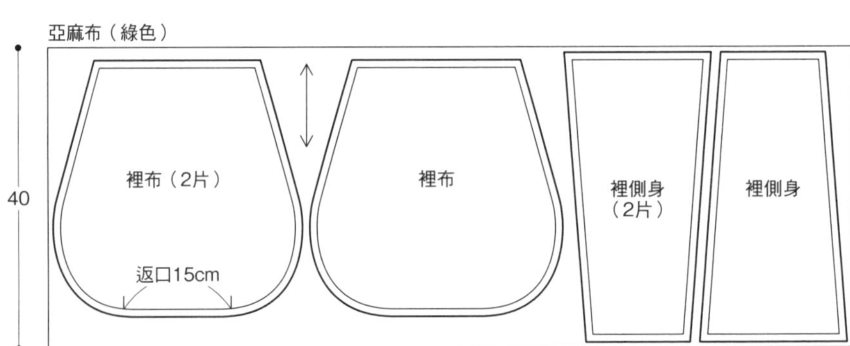

亞麻布（綠色）
40
裡布（2片）
裡布
返口15cm
裡側身（2片）
裡側身
110

1 縫合兩片側身

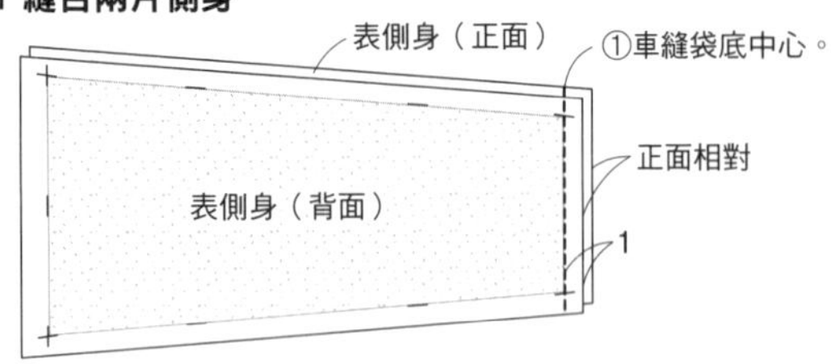

表側身（正面）
①車縫袋底中心。
正面相對
表側身（背面）
1

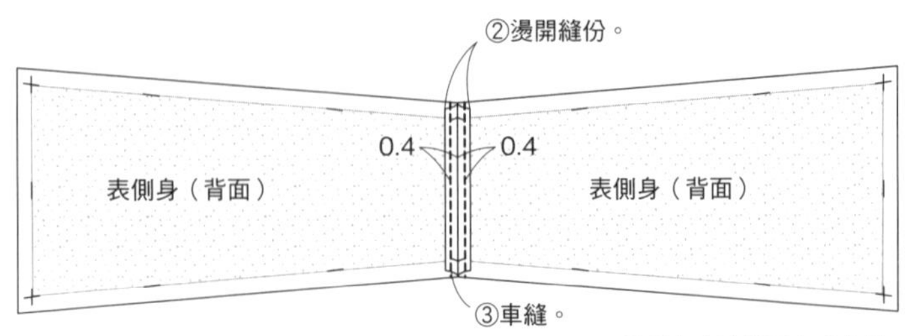

②燙開縫份。
0.4
0.4
表側身（背面）
表側身（背面）
③車縫。

※裡側身也以相同方式車縫。

2 製作外口袋·接縫表側身

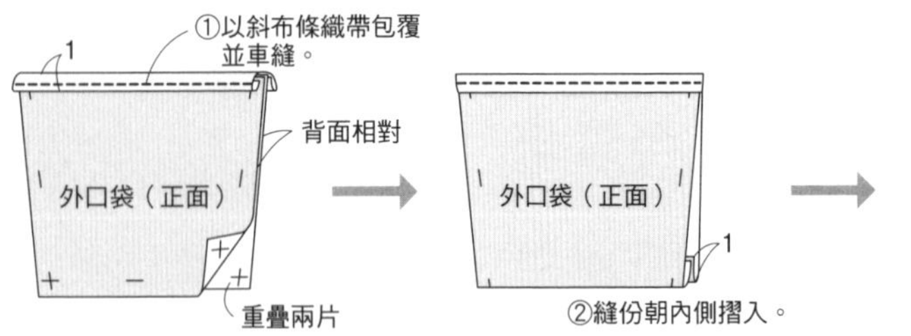

1
①以斜布條織帶包覆並車縫。
背面相對
外口袋（正面）
重疊兩片
外口袋（正面）
1
②縫份朝內側摺入。

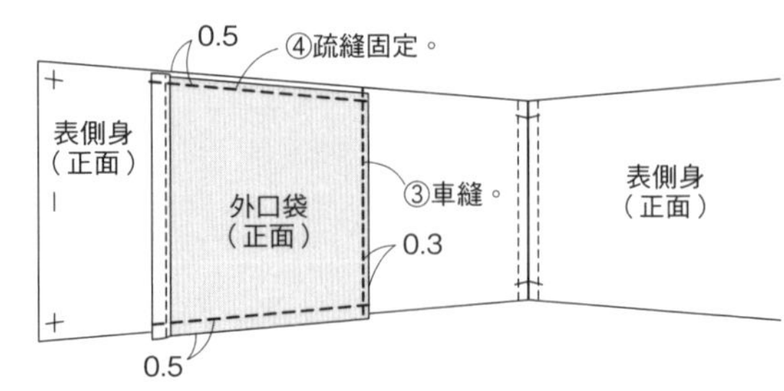

0.5
④疏縫固定。
表側身（正面）
外口袋（正面）
③車縫。
0.3
0.5
表側身（正面）

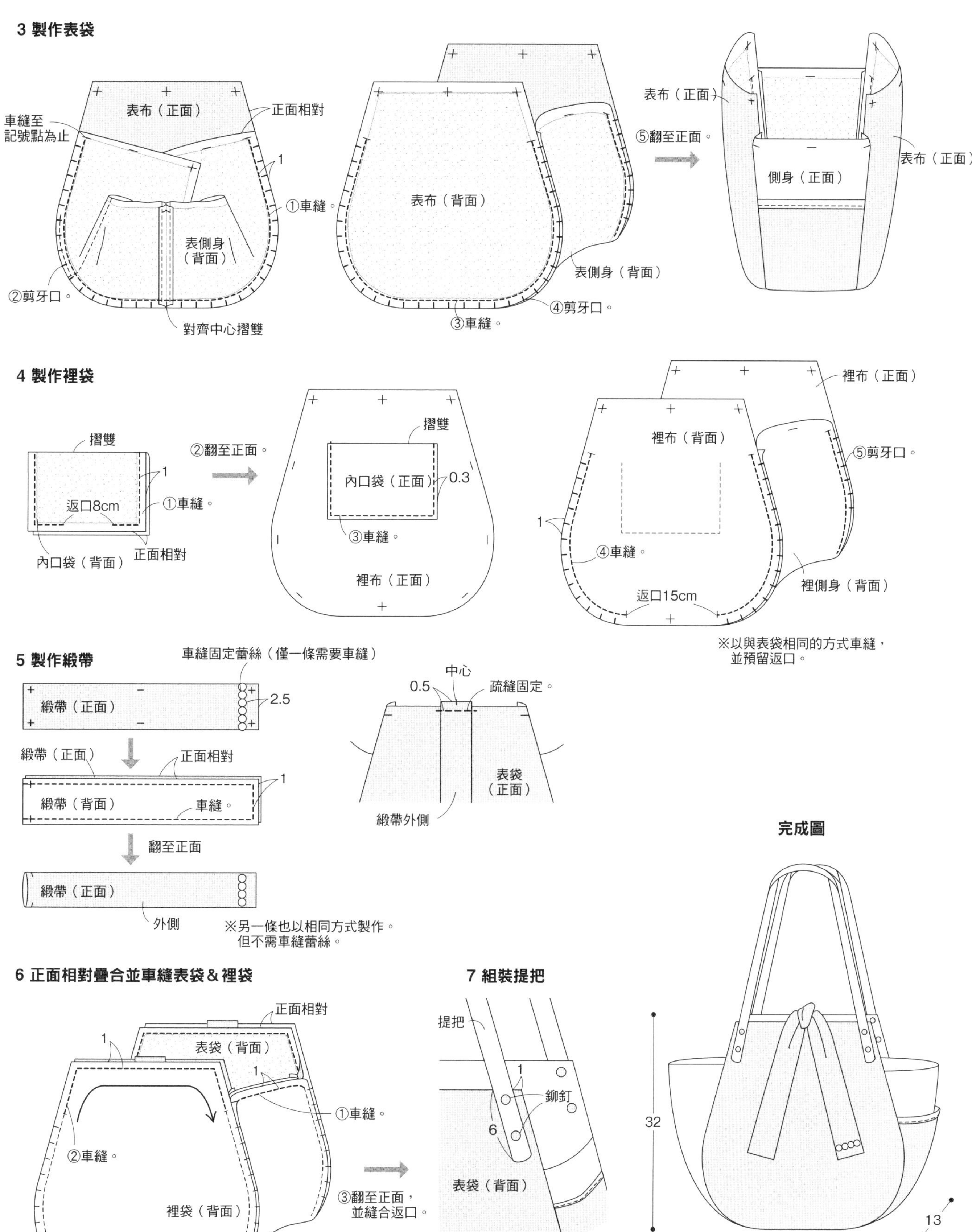
3 製作表袋
表布（正面）
正面相對
車縫至
記號點為止
1
①車縫。
表側身
（背面）
②剪牙口。
對齊中心摺雙
表布（背面）
表側身（背面）
④剪牙口。
③車縫。
⑤翻至正面。
表布（正面）
表布（正面）
側身（正面）
4 製作裡袋
摺雙
1
①車縫。
返口8cm
內口袋（背面）
正面相對
②翻至正面。
摺雙
內口袋（正面）
0.3
③車縫。
裡布（正面）
裡布（正面）
裡布（背面）
⑤剪牙口。
1
④車縫。
返口15cm
裡側身（背面）
※以與表袋相同的方式車縫，
並預留返口。
5 製作緞帶
車縫固定蕾絲（僅一條需要車縫）
緞帶（正面）
2.5
緞帶（正面）
正面相對
1
緞帶（背面）
車縫。
翻至正面
緞帶（正面）
外側
※另一條也以相同方式製作。
但不需車縫蕾絲。
中心
0.5
疏縫固定。
表袋
（正面）
緞帶外側
完成圖
6 正面相對疊合並車縫表袋＆裡袋
正面相對
1
表袋（背面）
1
①車縫。
②車縫。
裡袋（背面）
③翻至正面，
並縫合返口。
7 組裝提把
提把
1
鉚釘
6
表袋（背面）
32
13
32

圓弧收納包

[Photo P.22]

原寸紙型B面＜J＞1表布・裡布・棉襯

●完成尺寸

寬15×高10cm

【材料】

亞麻布（直條紋）・亞麻布（格紋）各17×22cm、棉布（點點印花）4×30cm、棉襯17×22cm、寬度1cm的緞帶9cm、25號繡線（灰色）適量、長度35cm的拉鍊（FS-351／INAZUMA）1條、內徑1cm的D型環・問號鉤各1個

裁布圖

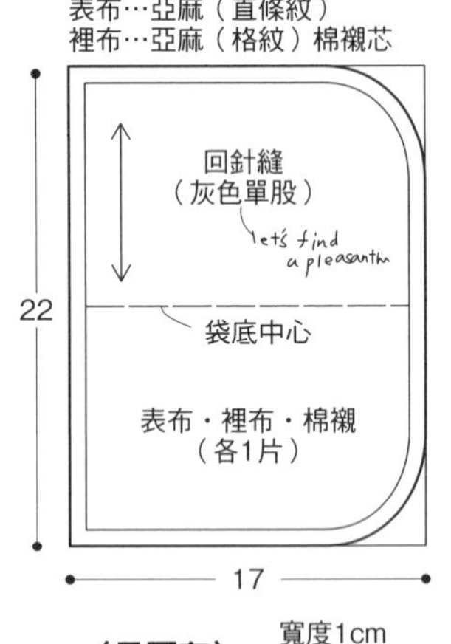

表布…亞麻（直條紋）
裡布…亞麻（格紋）棉襯芯
回針縫
（灰色單股）
let's find a pleasanthe
22
袋底中心
表布・裡布・棉襯
（各1片）
17

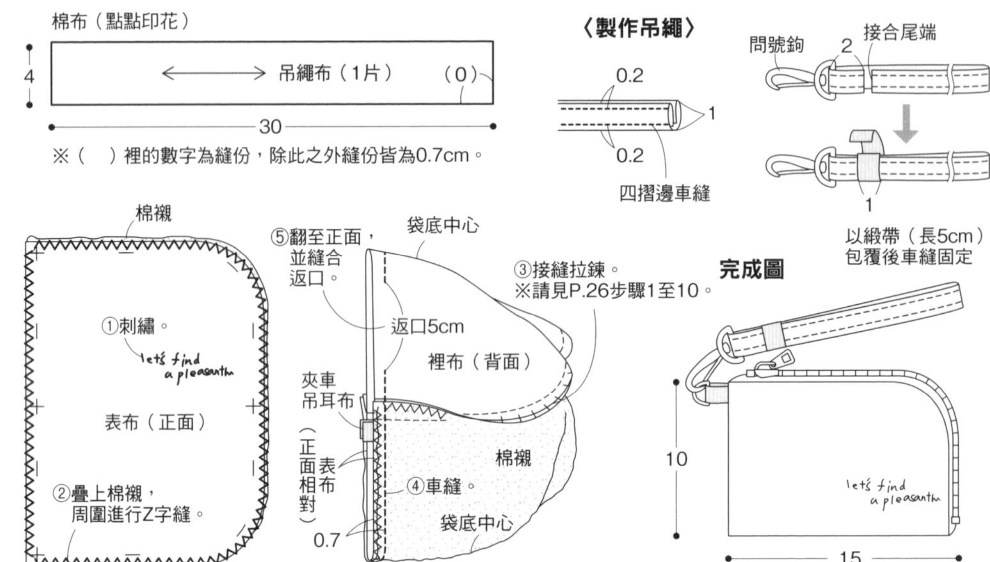

棉布（點點印花）
4
吊繩布（1片）
（0）
30
※（ ）裡的數字為縫份，除此之外縫份皆為0.7cm。
〈製作吊繩〉
0.2
1
0.2
四摺邊車縫
問號鉤
2
接合尾端
1
以緞帶（長5cm）
包覆後車縫固定
棉襯
①刺繡。
表布（正面）
②疊上棉襯，
周圍進行Z字縫。
⑤翻至正面，
並縫合
返口。
袋底中心
③接縫拉鍊。
※請見P.26步驟1至10。
返口5cm
裡布（背面）
夾車
吊耳布
（正面相對）
表布
棉襯
④車縫。
袋底中心
0.7
完成圖
10
15

〈吊耳布〉

寬度1cm

緞帶（長4cm）

D型環

經典款收納包

[Photo P.22]

●完成尺寸

寬12×高10.5×側身6cm

【材料】

棉布（花朵印花）50×10cm、棉布（直條紋）30×20cm、棉布（格紋）20×30cm、棉襯20×28cm、長度20cm的拉鍊（FS-201／INAZUMA）1條、直徑4cm的塑膠包釦1個

裁布圖

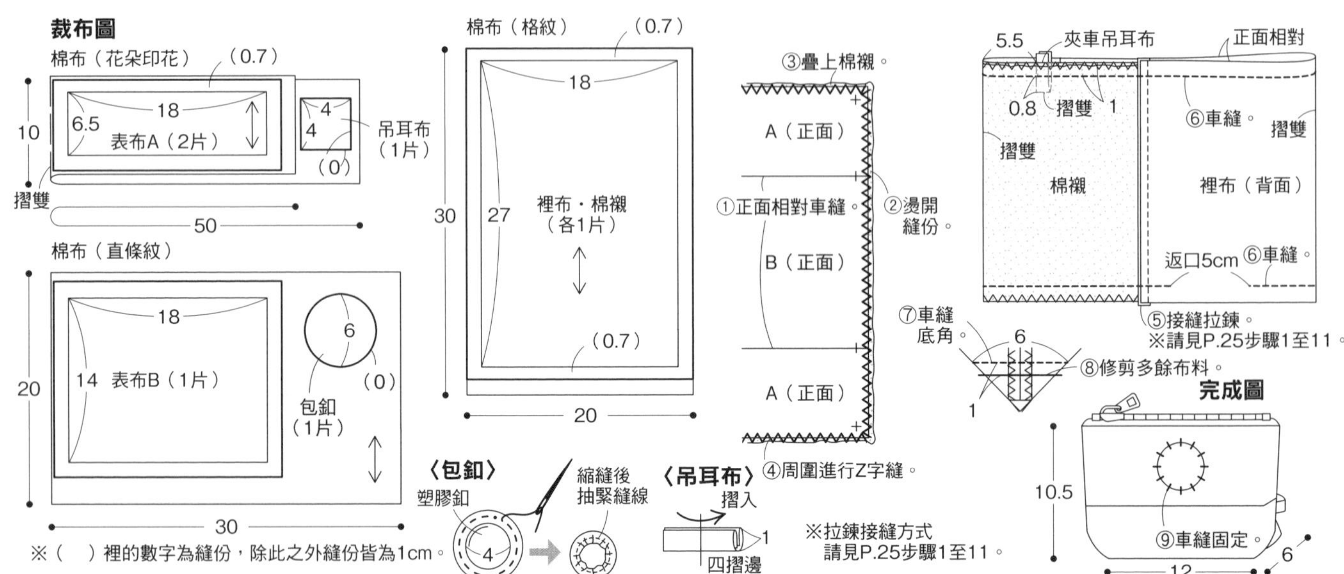

棉布（花朵印花）
（0.7）
10
18
6.5
表布A（2片）
4
4
（0）
吊耳布
（1片）
摺雙
50
棉布（直條紋）
20
18
14 表布B（1片）
6
（0）
包釦
（1片）
30
※（ ）裡的數字為縫份，除此之外縫份皆為1cm。
棉布（格紋）
（0.7）
30
18
27
裡布・棉襯
（各1片）
（0.7）
20
〈包釦〉
塑膠釦
4
縮縫後
抽緊縫線
〈吊耳布〉
摺入
1
四摺邊
③疊上棉襯。
A（正面）
①正面相對車縫。
②燙開
縫份。
B（正面）
A（正面）
④周圍進行Z字縫。
※拉鍊接縫方式
請見P.25步驟1至11。
5.5
夾車吊耳布
正面相對
0.8
摺雙
1
摺雙
⑥車縫。
摺雙
棉襯
裡布（背面）
返口5cm
⑥車縫。
⑤接縫拉鍊。
※請見P.25步驟1至11。
⑦車縫
底角。
6
⑧修剪多餘布料。
1
完成圖
10.5
⑨車縫固定。
6
12

方形收納包

[Photo P.22]

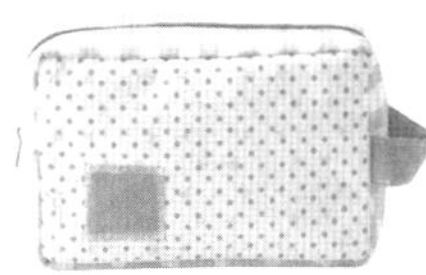

●完成尺寸

寬18×高12×側身10cm

【材料】

棉布（紅色小圓點）55×50cm、棉布（綠色圓點）40×40cm、棉布（直條紋）35×25cm
棉布（紅色）20×10cm、接著襯40×40cm、長度35cm的拉鍊（FS-351／INAZAMA）1條

裁布圖

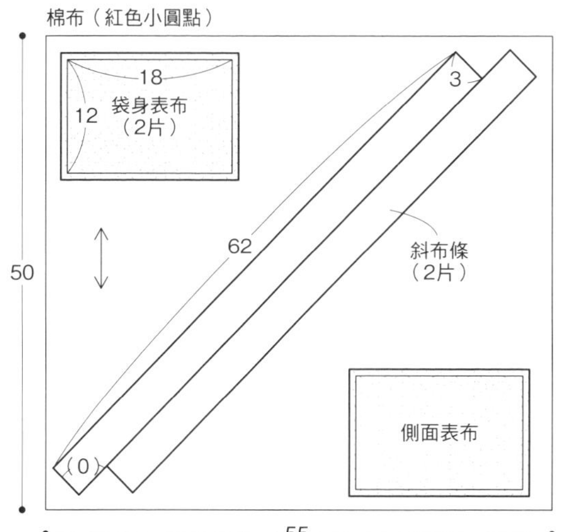

棉布（紅色小圓點）
18
12
袋身表布
（2片）
3
62
斜布條
（2片）
50
(0)
側面表布
55

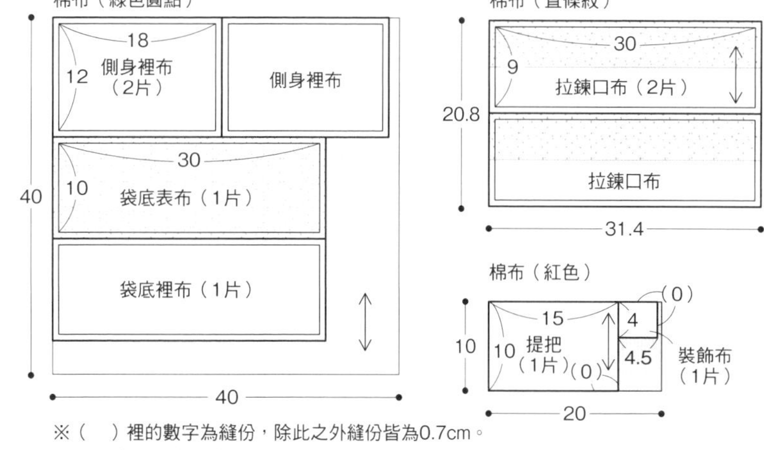

棉布（綠色圓點）
18
12
側身裡布
（2片）
側身裡布
30
10
袋底表布（1片）
40
袋底裡布（1片）
40
棉布（直條紋）
30
9
拉鍊口布（2片）
20.8
拉鍊口布
31.4
棉布（紅色）
(0)
15
4
10
10
提把
（1片）
(0)
4.5
裝飾布
（1片）
20

※（　）裡的數字為縫份，除此之外縫份皆為0.7cm。

※部分貼上接著襯。

1 於拉鍊口布上接縫拉鍊

※拉鍊接縫方式請見P.27。

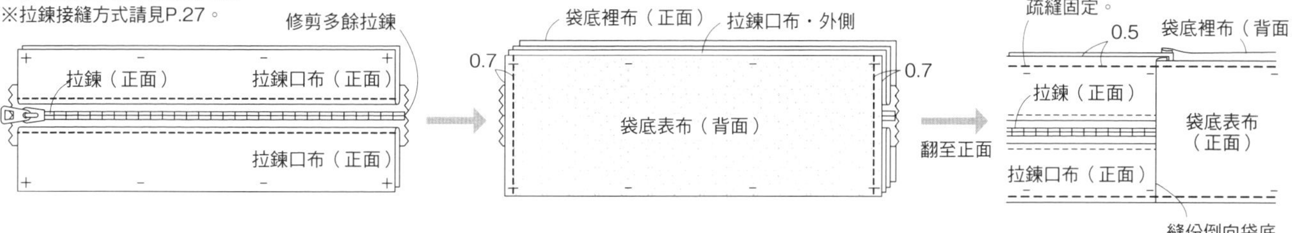

修剪多餘拉鍊
拉鍊（正面）
拉鍊口布（正面）
拉鍊口布（正面）
袋底裡布（正面）
拉鍊口布・外側
0.7
0.7
袋底表布（背面）
翻至正面
疏縫固定。
0.5
袋底裡布（背面）
拉鍊（正面）
袋底表布
（正面）
拉鍊口布（正面）
縫份倒向袋底

2 製作袋身

3 製作提把

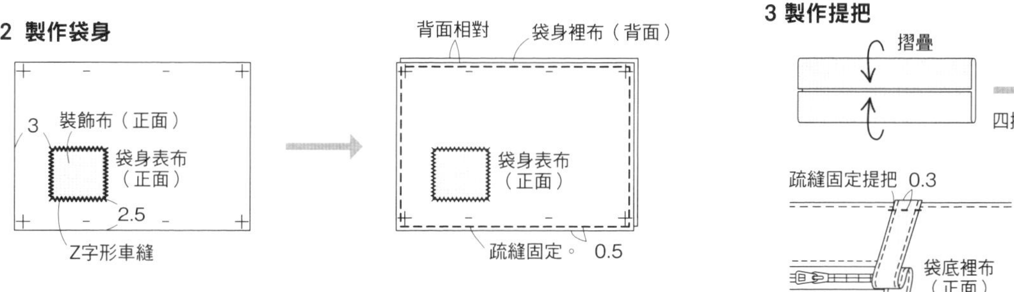

3
裝飾布（正面）
袋身表布
（正面）
2.5
Z字形車縫
背面相對
袋身裡布（背面）
袋身表布
（正面）
疏縫固定。
0.5
摺疊
四摺邊
0.2
車縫
2.5
0.2
摺雙
疏縫固定提把
0.3
袋底裡布
（正面）
疏縫固定
0.3

4 正面相對車縫袋身＆側身

5 處理縫份

完成圖

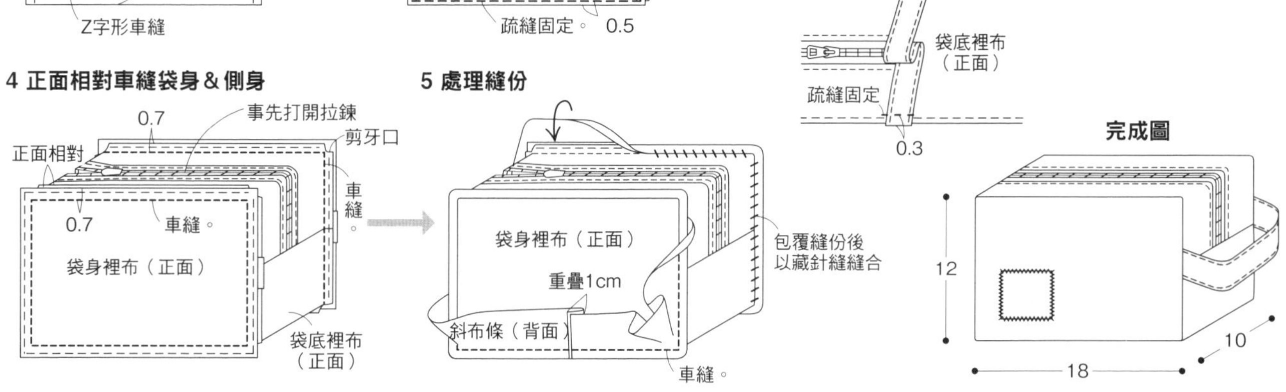

0.7
事先打開拉鍊
正面相對
剪牙口
車縫。
0.7
車縫。
袋身裡布（正面）
袋底裡布
（正面）
袋身裡布（正面）
重疊1cm
斜布條（背面）
車縫。
包覆縫份後
以藏針縫縫合
12
10
18

古典口金收納包

[Photo P.29]
原寸紙型B面<K>1表布前片A·C、2表布前片B、3表布後片·裡布·接著棉襯

●完成尺寸
寬約15×高約12.5cm
（含釦頭）

【材料】
棉布（綠色花朵印花）30×15cm、棉布（粉紅色花朵印花）40×15cm、亞麻布（紫色）15×15cm、接著棉襯40×15cm、寬度1cm的蕾絲10cm、口金寬13×高6cm（BK-1275AG／INAZUMA）、紙繩36cm、吊飾1個

裁布圖

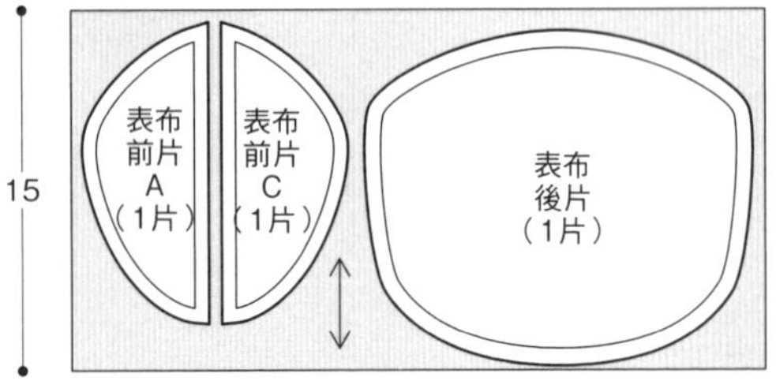

棉布（綠色花朵印花）
表布
前片
A
（1片）
表布
前片
C
（1片）
表布
後片
（1片）
15
30

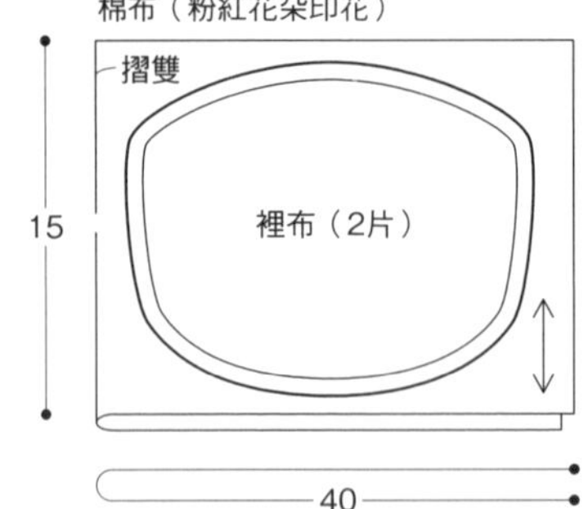

棉布（粉紅花朵印花）
摺雙
裡布（2片）
15
40

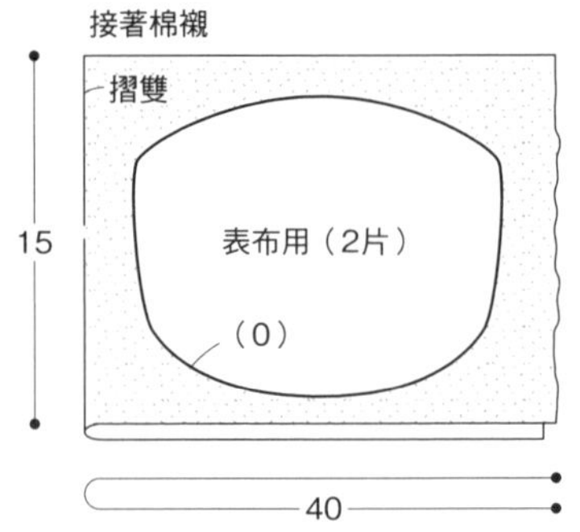

接著棉襯
摺雙
表布用（2片）
（0）
15
40

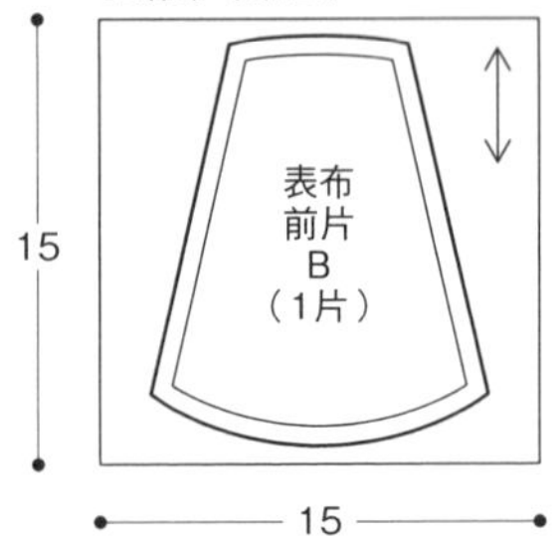

亞麻布（紫色）
表布
前片
B
（1片）
15
15

※（　）裡的數字為縫份，除此之外縫份皆為0.5cm。

1 製作表布前片

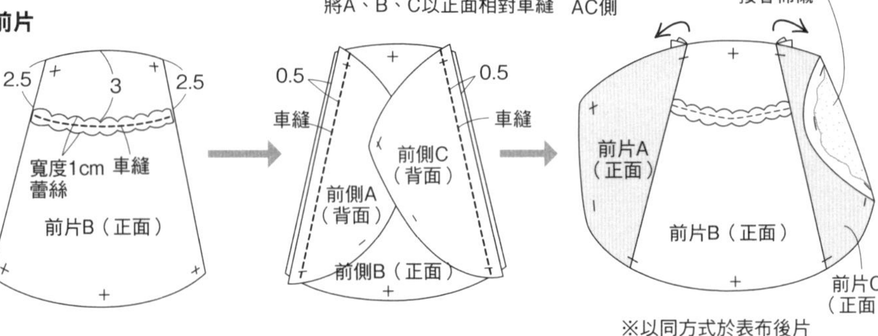

2.5
3
2.5
寬度1cm
蕾絲
車縫
前片B（正面）
將A、B、C以正面相對車縫
0.5
0.5
車縫
車縫
前側C
（背面）
前側A
（背面）
前側B（正面）
縫份倒向
AC側
於背面貼上
接著棉襯
前片A
（正面）
前片B（正面）
前片C
（正面）

※以同方式於表布後片
貼上接著棉襯。

2 製作表袋

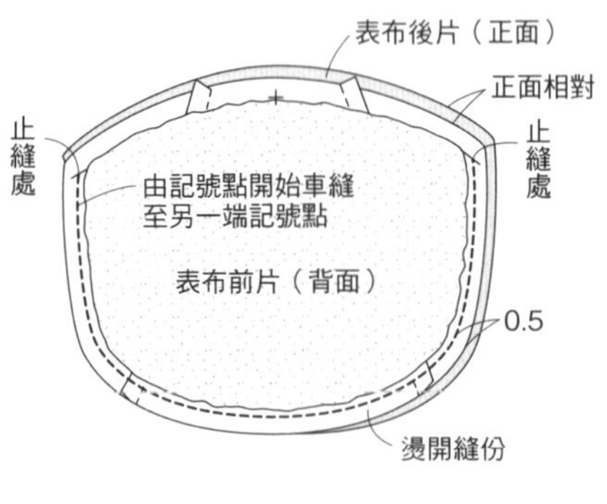

表布後片（正面）
正面相對
止
縫
處
止
縫
處
由記號點開始車縫
至另一端記號點
表布前片（背面）
0.5
燙開縫份

3 製作裡袋

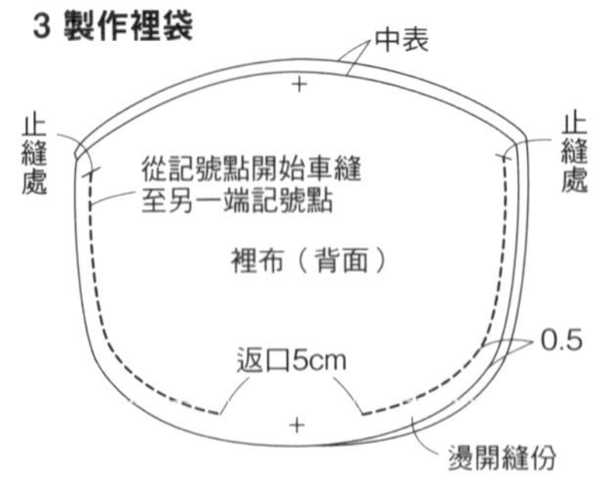

中表
止
縫
處
止
縫
處
從記號點開始車縫
至另一端記號點
裡布（背面）
返口5cm
0.5
燙開縫份

4 正面相對疊合表袋＆裡袋

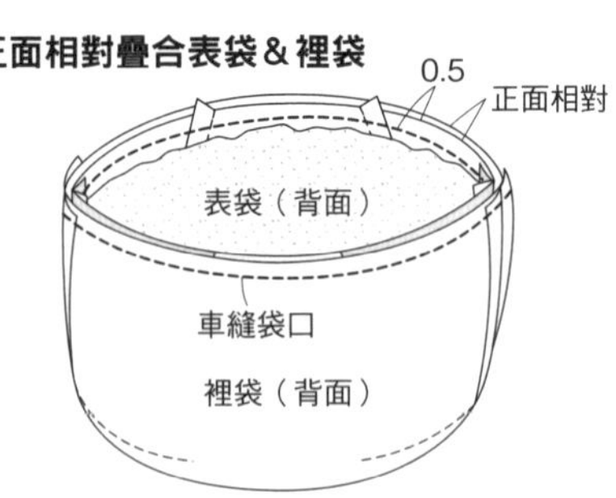

0.5
正面相對
表袋（背面）
車縫袋口
裡袋（背面）

5 翻至正面車縫袋口

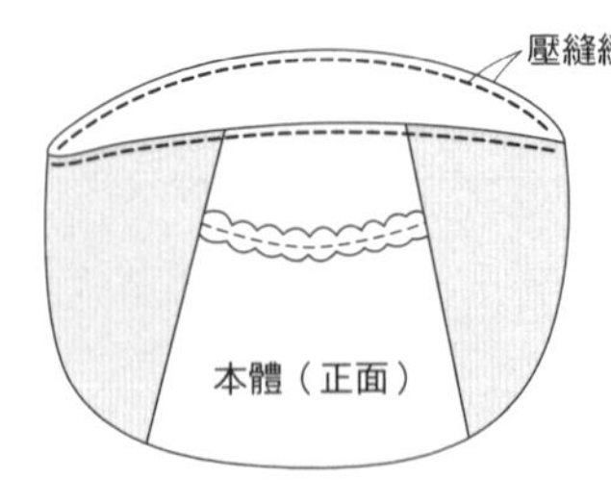

壓縫縫份0.2cm
本體（正面）

6 縫合返口

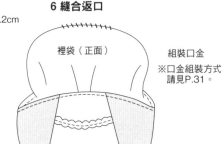

裡袋（正面）

組裝口金
※口金組裝方式
請見P.31。

完成圖

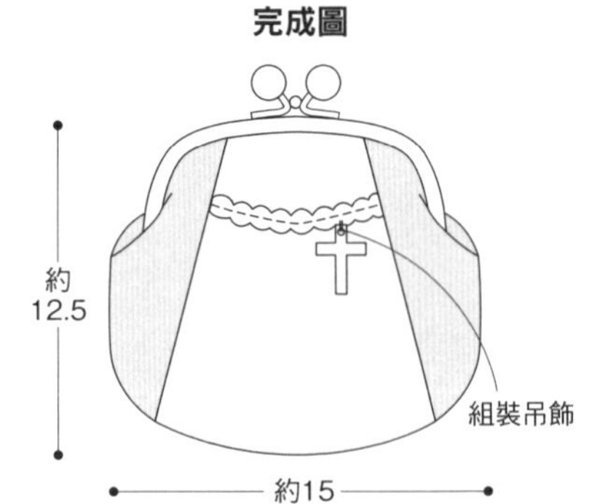

約
12.5
組裝吊飾
約15

古典口金肩背包

[Photo P.29]

原寸紙型B面<L>1表布A、2表布B、3裡布・接著棉襯

●完成尺寸

寬26×高22×側身7cm（含口金珠頭）

【材料】

混紡亞麻布（花朵印花）75×25cm、亞麻布（紫色）75×10cm、棉布（花朵印花）90×30cm、接著棉襯70×30cm、寬度1cm的蕾絲100cm、口金寬21.3×高8cm（BK-2162／INAZUMA）、寬度0.6cm的皮背帶1條、皮革片1片、手縫線適量

裁布圖

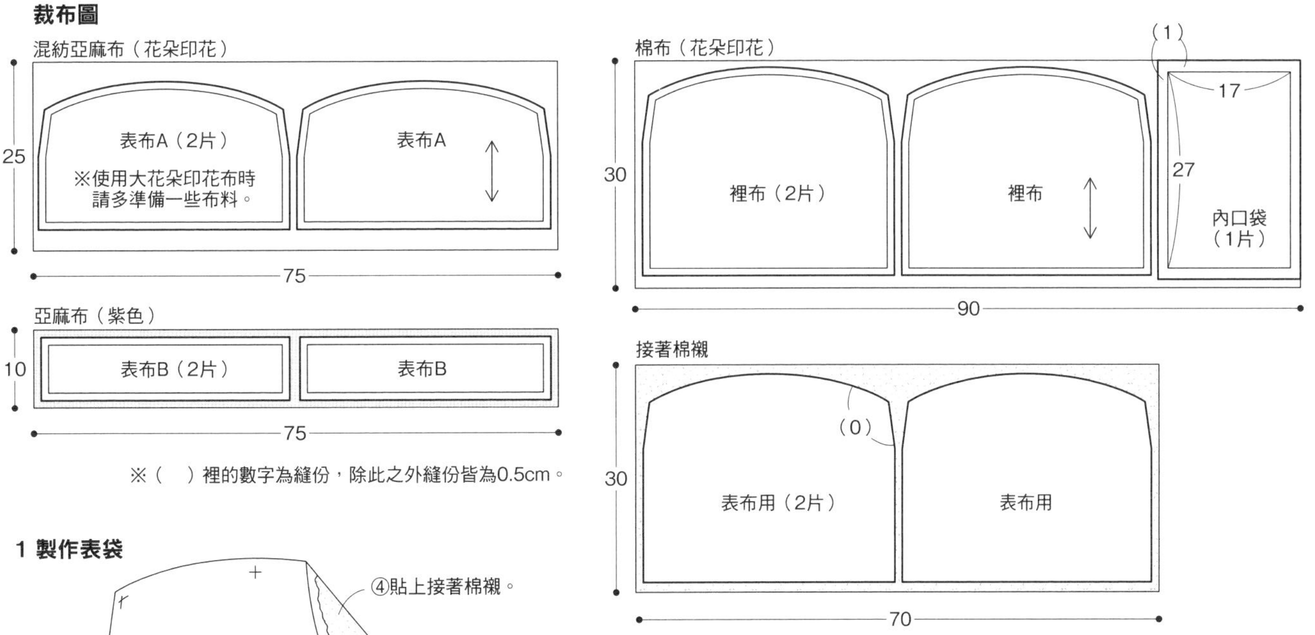

混紡亞麻布（花朵印花）
表布A（2片）
※使用大花朵印花布時請多準備一些布料。
表布A
25
75
亞麻布（紫色）
表布B（2片）
表布B
10
75
棉布（花朵印花）
裡布（2片）
裡布
內口袋（1片）
(1)
17
27
30
90
接著棉襯
表布用（2片）
表布用
(0)
30
70

※（　）裡的數字為縫份，除此之外縫份皆為0.5cm。

1 製作表袋

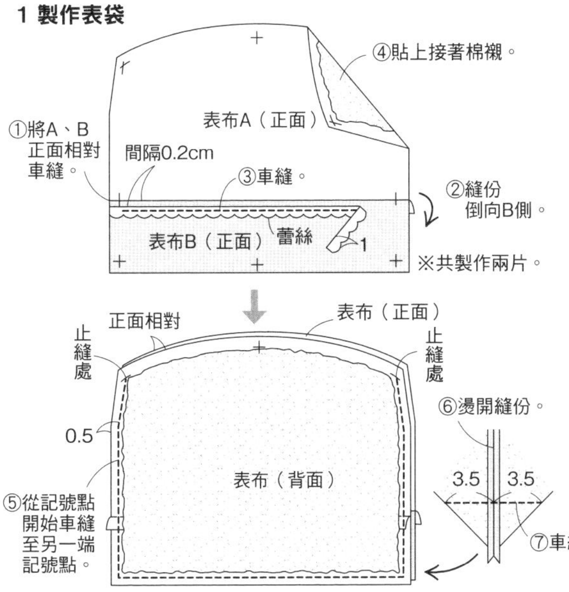

④貼上接著棉襯。
表布A（正面）
①將A、B正面相對車縫。
間隔0.2cm
③車縫。
②縫份倒向B側。
表布B（正面）
蕾絲
1
※共製作兩片。
正面相對
表布（正面）
止縫處
止縫處
0.5
⑤從記號點開始車縫至另一端記號點。
表布（背面）
⑥燙開縫份。
3.5
3.5
⑦車縫側身。

2 製作裡袋

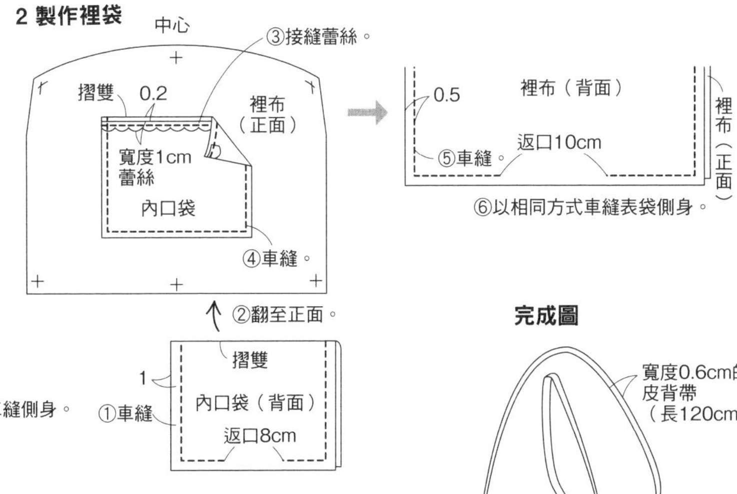

中心
③接縫蕾絲。
摺雙
0.2
裡布（正面）
寬度1cm蕾絲
內口袋
④車縫。
②翻至正面。
摺雙
1
①車縫
內口袋（背面）
返口8cm
0.5
裡布（背面）
⑤車縫。
返口10cm
裡布（正面）
⑥以相同方式車縫表袋側身。

3 正面相對疊合表袋&裡袋

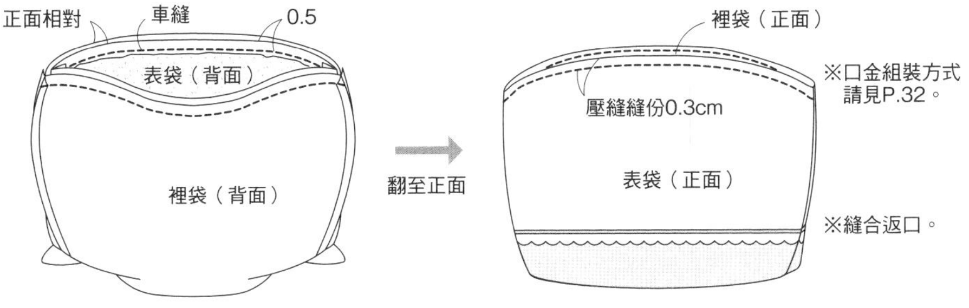

正面相對
車縫
0.5
表袋（背面）
裡袋（背面）
翻至正面
裡袋（正面）
壓縫縫份0.3cm
表袋（正面）
※口金組裝方式請見P.32。
※縫合返口。

完成圖

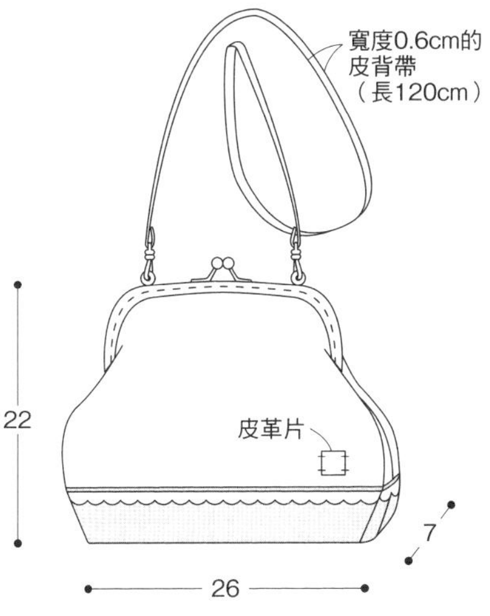

寬度0.6cm的皮背帶（長120cm）
皮革片
22
26
7

復古口金包

[Photo P.28]

原寸紙型B面<M>1表布・裡布、2表側身・裡側身

●完成尺寸

寬32×高28×側身8cm

（含提把・口金珠頭）

【材料】

彩色亞麻布（葉綠色）55×70cm、棉布（小花印花）75×70cm、接著棉襯・厚接著襯 各55×70cm、薄接著襯75×70cm、長度20cm的拉鍊1條、寬度2.5cm的民族風織帶70cm、口金 寬24×高10cm（BK-242 AG／INAZUMA）、紙繩80cm、提把（KM-19／INAZUMA）1組

裁布圖

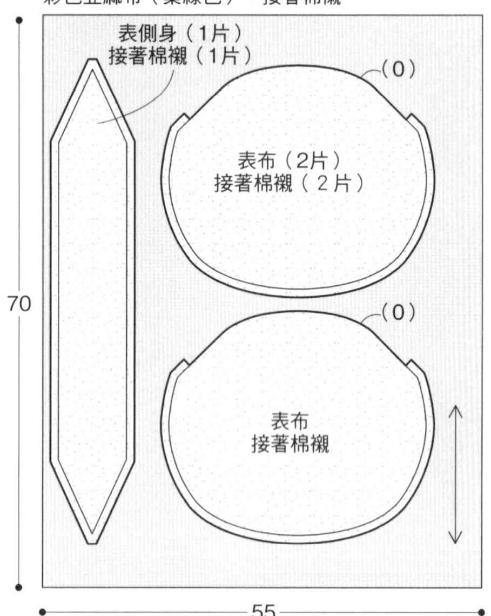

彩色亞麻布（葉綠色）・接著棉襯
表側身（1片）
接著棉襯（1片）
(0)
表布（2片）
接著棉襯（2片）
(0)
表布
接著棉襯
70
55

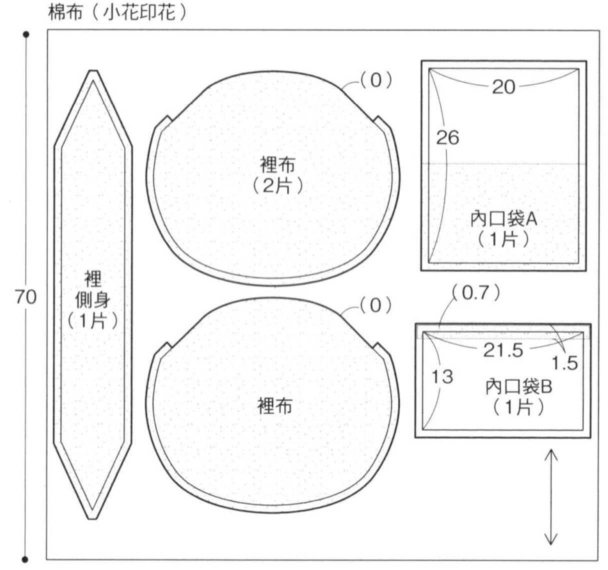

棉布（小花印花）
(0)
裡布
（2片）
20
26
內口袋A
（1片）
裡
側身
（1片）
(0.7)
(0)
21.5
1.5
13
內口袋B
（1片）
裡布
70
75

※（　）裡的數字為縫份，除此之外縫份皆為1cm。

※接著棉襯與彩色亞麻布版型相同。

※　　部分貼上接著襯。

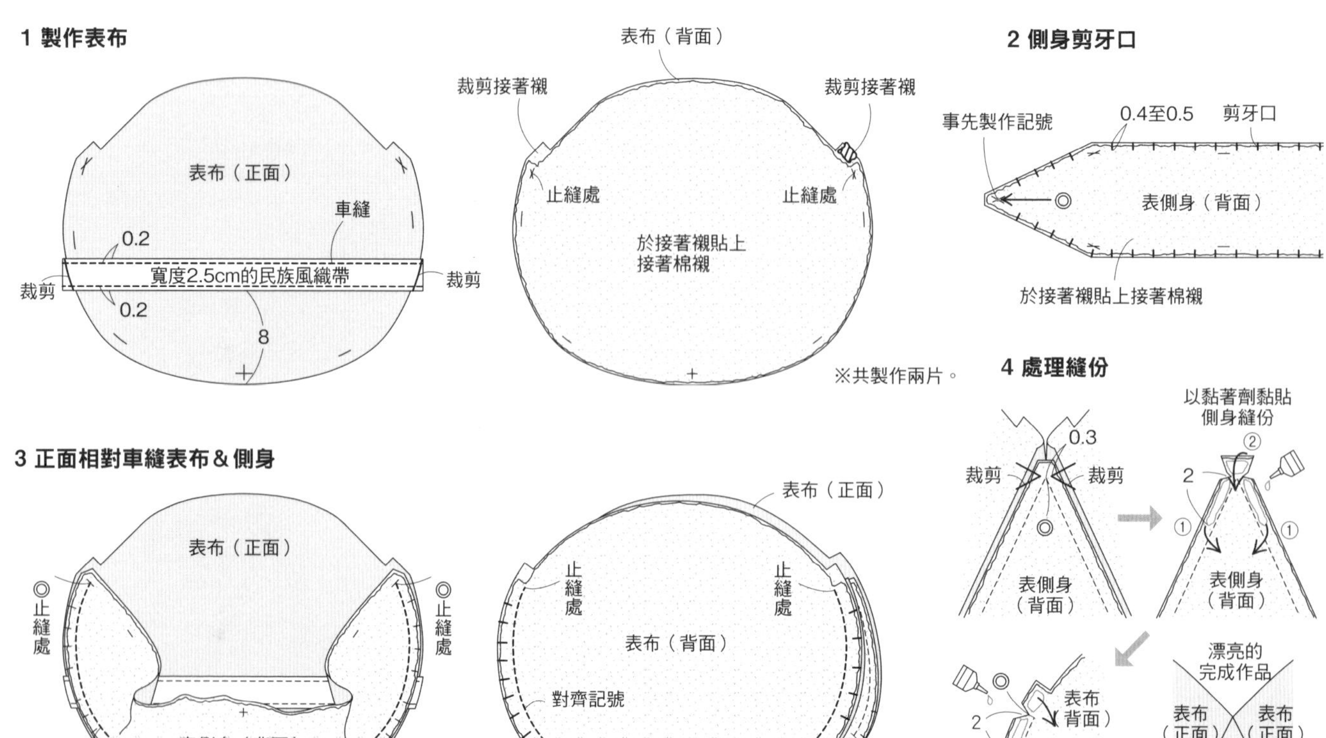

1 製作表布
表布（正面）
車縫
0.2
寬度2.5cm的民族風織帶
裁剪
裁剪
0.2
8
表布（背面）
裁剪接著襯
裁剪接著襯
止縫處
止縫處
於接著襯貼上
接著棉襯
※共製作兩片。
2 側身剪牙口
事先製作記號
0.4至0.5
剪牙口
表側身（背面）
於接著襯貼上接著棉襯
3 正面相對車縫表布＆側身
表布（正面）
◎止縫處
◎止縫處
表側身（背面）
①車縫。
對齊記號
表布（正面）
止縫處
止縫處
表布（背面）
對齊記號
②車縫。
③剪牙口。
表側身（背面）
④燙開縫份。
4 處理縫份
0.3
裁剪
裁剪
表側身
（背面）
以黏著劑黏貼
側身縫份
②
2
①
①
表側身
（背面）
表布
（背面）
2
以黏著劑
黏貼
漂亮的
完成作品
表布
（正面）
表布
（正面）
表側身
（正面）

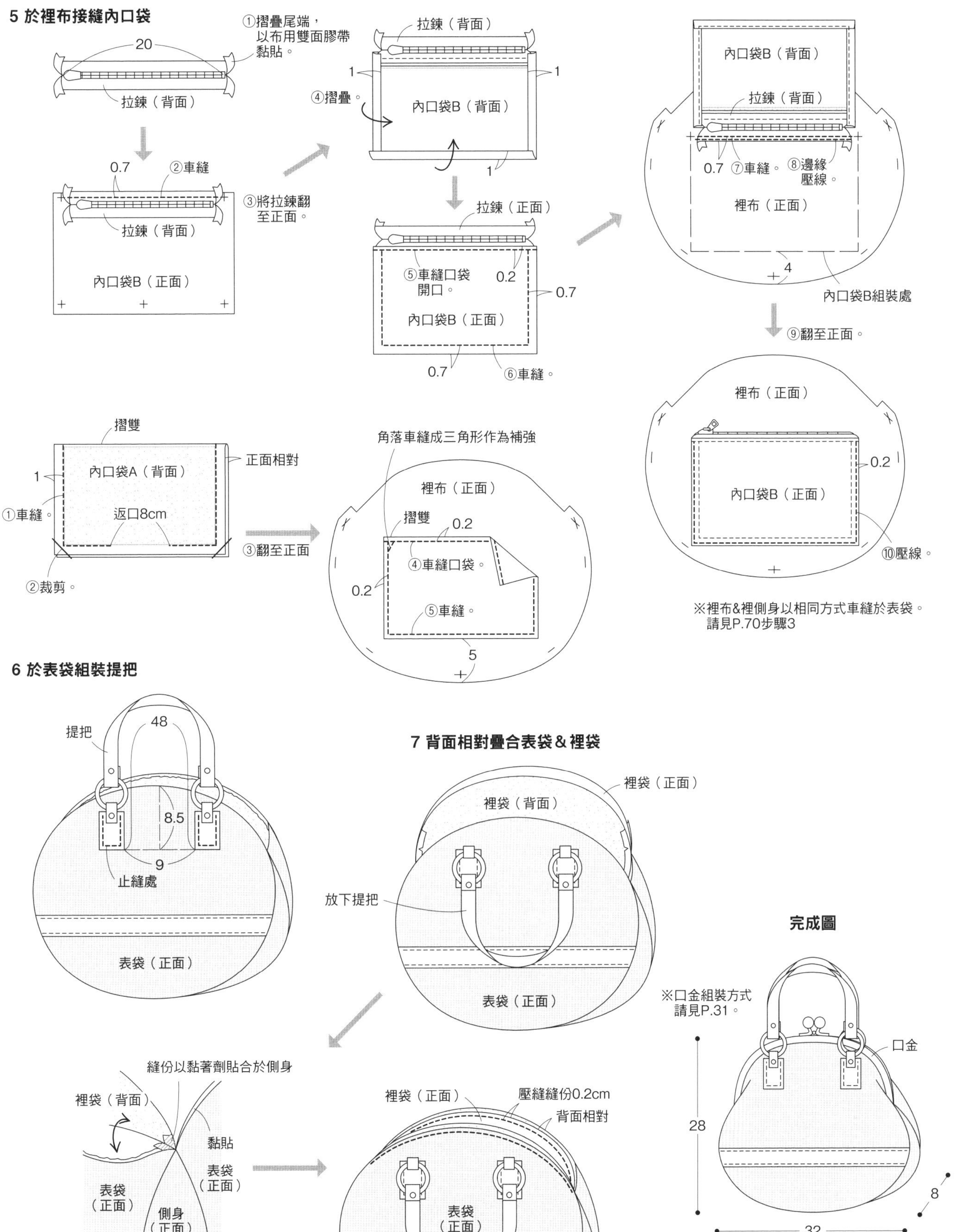

5 於裡布接縫內口袋
20
①摺疊尾端，以布用雙面膠帶黏貼。
拉鍊（背面）
0.7
②車縫
③將拉鍊翻至正面。
內口袋B（正面）
拉鍊（背面）
1
④摺疊。
內口袋B（背面）
拉鍊（正面）
⑤車縫口袋開口。
0.2
0.7
內口袋B（正面）
⑥車縫。
內口袋B（背面）
⑦車縫。
⑧邊緣壓線。
裡布（正面）
4
內口袋B組裝處
⑨翻至正面。
裡布（正面）
0.2
內口袋B（正面）
⑩壓線。
※裡布&裡側身以相同方式車縫於表袋。請見P.70步驟3
摺雙
正面相對
內口袋A（背面）
①車縫。
返口8cm
②裁剪。
③翻至正面
角落車縫成三角形作為補強
裡布（正面）
摺雙
④車縫口袋。
⑤車縫。
5
6 於表袋組裝提把
提把
48
8.5
9
止縫處
表袋（正面）
7 背面相對疊合表袋&裡袋
裡袋（正面）
裡袋（背面）
放下提把
表袋（正面）
縫份以黏著劑貼合於側身
裡袋（背面）
黏貼
表袋（正面）
側身（正面）
裡袋（正面）
壓縫縫份0.2cm
背面相對
完成圖
※口金組裝方式請見P.31。
口金
28
8
32

大開口收納包

[Photo P.33]

●完成尺寸
寬13×高約13×
側身8cm

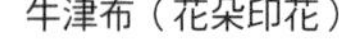

【材料】（1個份）
牛津布（花朵印花）50×15cm、彩色亞麻布60×15cm、棉布（花朵印花）50×25cm、接著棉襯45×20cm、長度25cm的拉鍊1條、寬度1cm的水兵帶50cm、吊飾、圓環各1個、直徑1.2cm的花型釦3個、支架口金 寬13×高4.3cm 1組

裁布圖

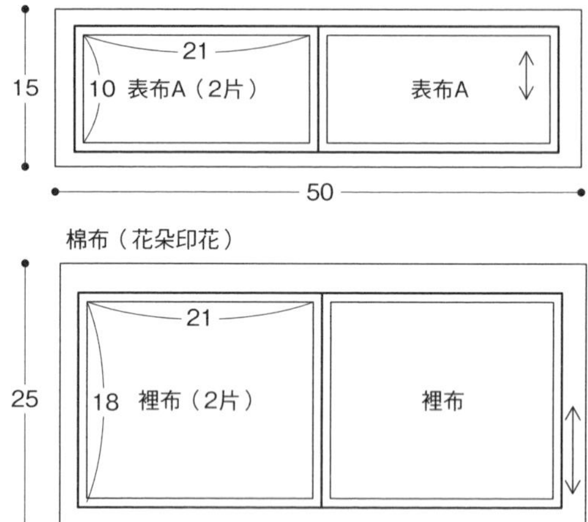

牛津布（花朵印花）
15
21
10 表布A（2片）
表布A
50

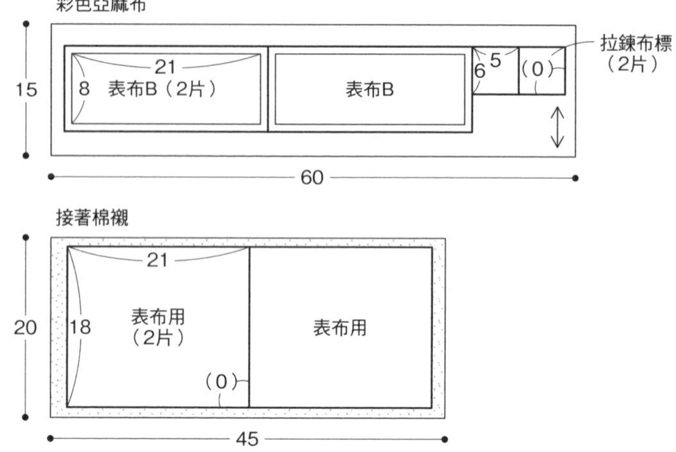

彩色亞麻布
15
21
8 表布B（2片）
表布B
6
5
（0）
拉鍊布標
（2片）
60

棉布（花朵印花）
25
21
18 裡布（2片）
裡布
50

接著棉襯
20
21
18
表布用
（2片）
表布用
（0）
45

※（　）裡的數字為縫份，除此之外縫份皆為1cm。

1 製作表布

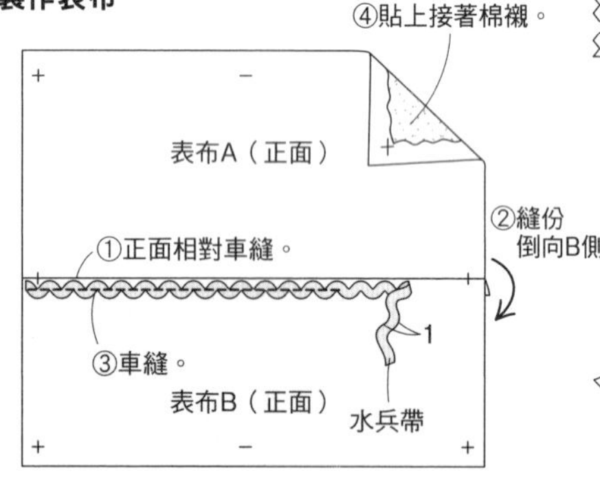

④貼上接著棉襯。
表布A（正面）
②縫份
倒向B側。
①正面相對車縫。
③車縫。
1
表布B（正面）
水兵帶

2 接縫拉鍊

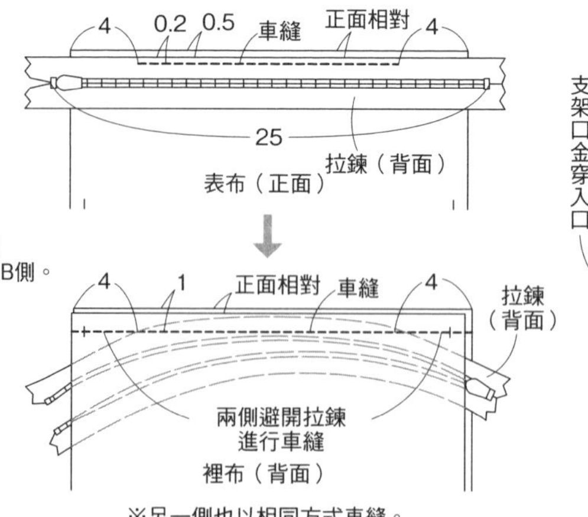

4
0.2
0.5
車縫
正面相對
4
25
拉鍊（背面）
表布（正面）
4
1
正面相對
車縫
4
拉鍊
（背面）
兩側避開拉鍊
進行車縫
裡布（背面）

※另一側也以相同方式車縫。

3 車縫側身&袋底

裡布（正面）
返口10cm
支架口金穿入口
1
車縫
裡布（背面）
※注意勿縫入拉鍊。
※事先打開拉鍊。
開口2cm
開口2cm
表布（背面）
表布（正面）

4 分別車縫表袋&裡袋側身

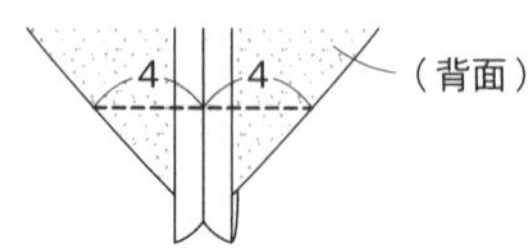

4
4
（背面）

5 翻至正面並縫合返口・並車縫袋口

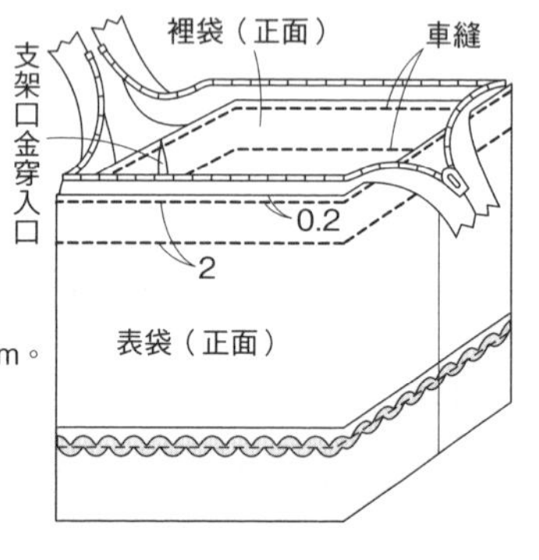

支架口金穿入口
裡袋（正面）
車縫
0.2
2
表袋（正面）

6 拉鍊兩端車縫布標

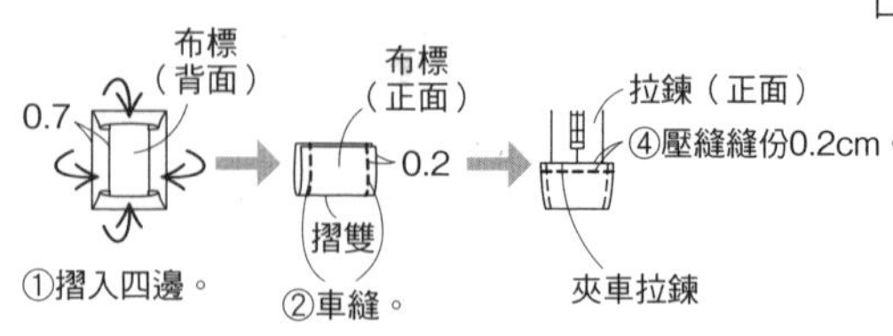

布標
（背面）
0.7
①摺入四邊。
布標
（正面）
0.2
摺雙
②車縫。
拉鍊（正面）
④壓縫縫份0.2cm。
夾車拉鍊

完成圖

※支架口金組裝方式請見P.35。

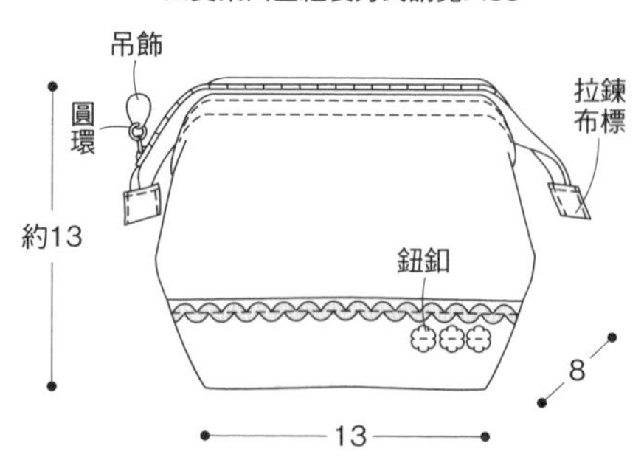

吊飾
圓環
拉鍊
布標
約13
鈕釦
8
13

花朵醫生包

［Photo P.34］

●完成尺寸
寬29×高約27×
側身20cm

【材料】
亞麻布（花朵印花）110×30cm、亞麻布（深藍色）80×30cm、棉布（花朵印花）55×80cm、接著棉襯55×80cm、寬度1.8cm的蕾絲50cm、長度50cm的拉鍊1條、寬度2cm的皮革帶100cm、皮革2×4cm 4片、鉚釘8組、支架口金 上寬20×下寬29×高10.2cm 1組

裁布圖

亞麻布（花朵印花）

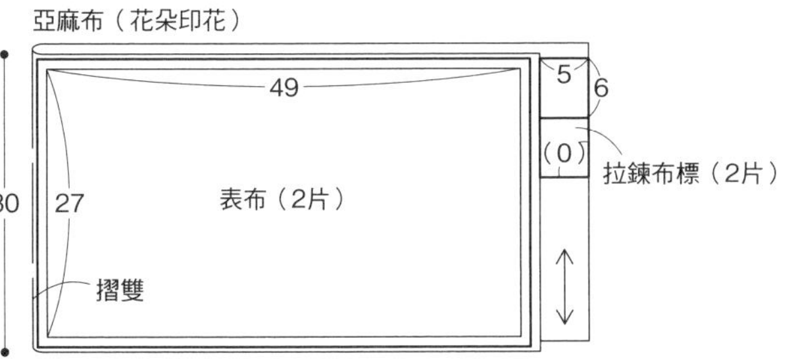

49
5
6
(0)
拉鍊布標（2片）
30
27
表布（2片）
摺雙
110

亞麻布（深藍色）

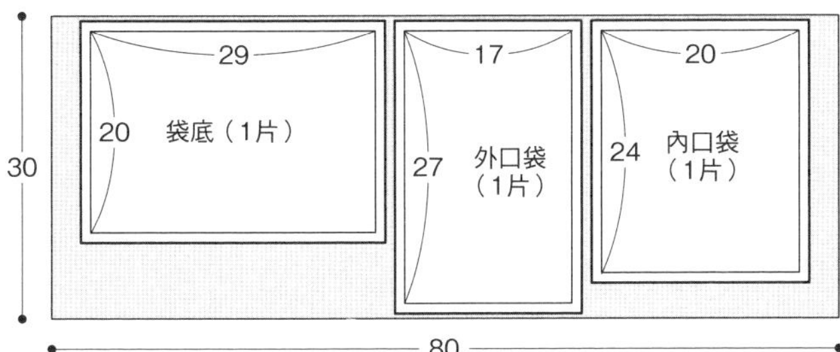

29
20
袋底（1片）
17
27
外口袋（1片）
20
24
內口袋（1片）
30
80

※（　）裡的數字為縫份，除此之外縫份皆為1cm。

棉布（花朵印花）・接著棉襯

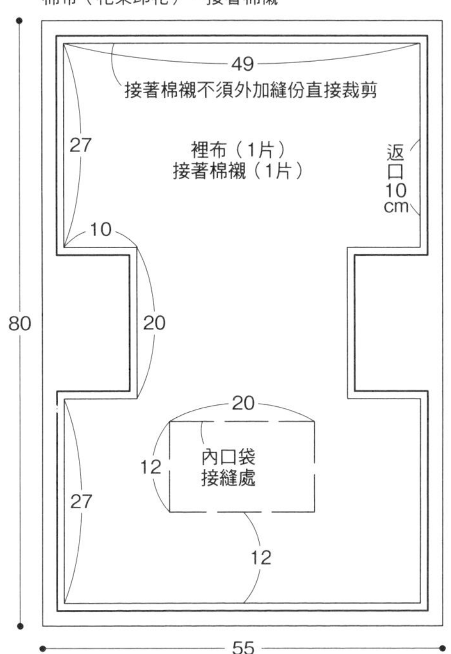

49
接著棉襯不須外加縫份直接裁剪
27
裡布（1片）
接著棉襯（1片）
返口10cm
10
80
20
20
12
內口袋接縫處
27
12
55

1 縫合表布＆袋底

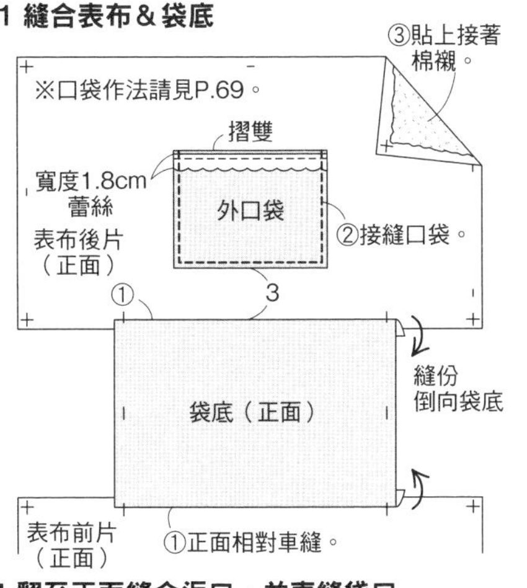

③貼上接著棉襯。
※口袋作法請見P.69。
摺雙
寬度1.8cm蕾絲
外口袋
②接縫口袋。
表布後片（正面）
①
3
縫份倒向袋底
袋底（正面）
表布前片（正面）
①正面相對車縫。

2 接縫拉鍊

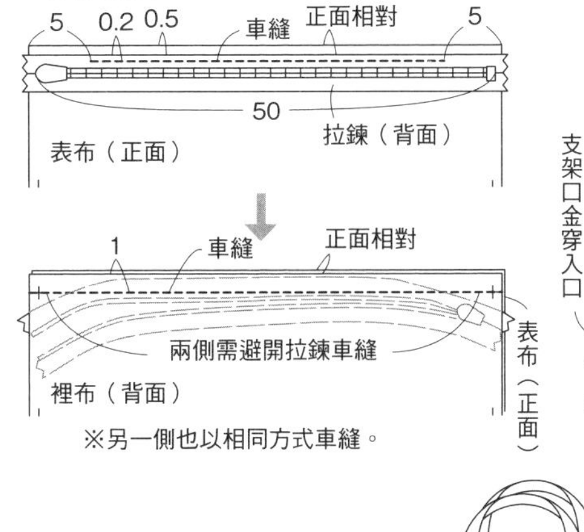

5
0.2
0.5
車縫
正面相對
5
50
拉鍊（背面）
表布（正面）
1
車縫
正面相對
兩側需避開拉鍊車縫
表布（正面）
裡布（背面）
※另一側也以相同方式車縫。

3 車縫側身與底角

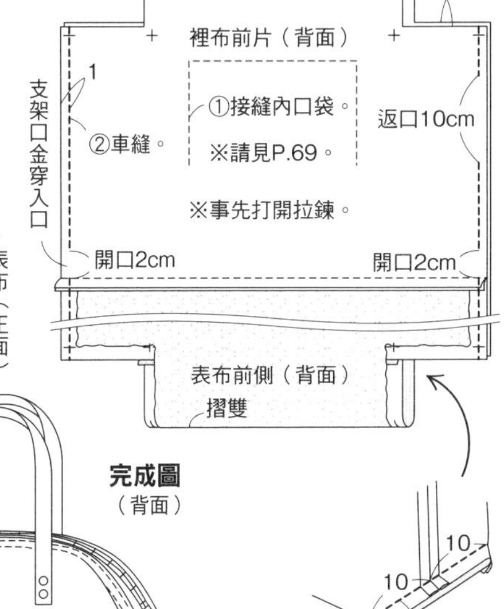

摺雙
正面相對
裡布前片（背面）
支架口金穿入口
1
①接縫內口袋。
②車縫。
※請見P.69。
返口10cm
※事先打開拉鍊。
開口2cm
開口2cm
表布前側（背面）
摺雙
10
10
車縫底角

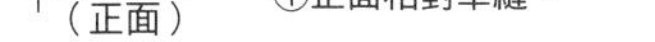
4 翻至正面縫合返口・並車縫袋口

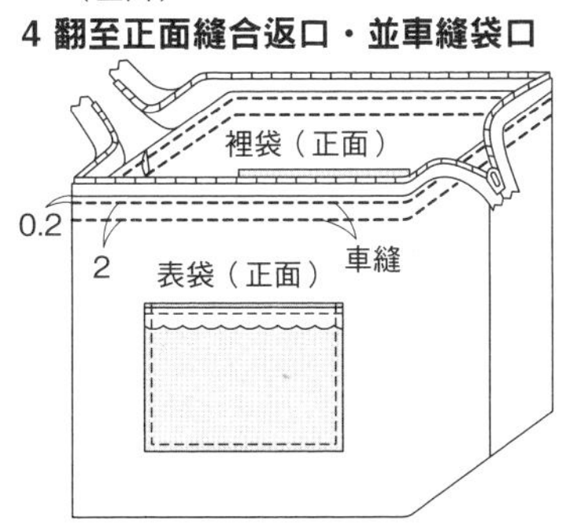

裡袋（正面）
0.2
2
表袋（正面）
車縫

5 組裝提把

完成圖
（背面）

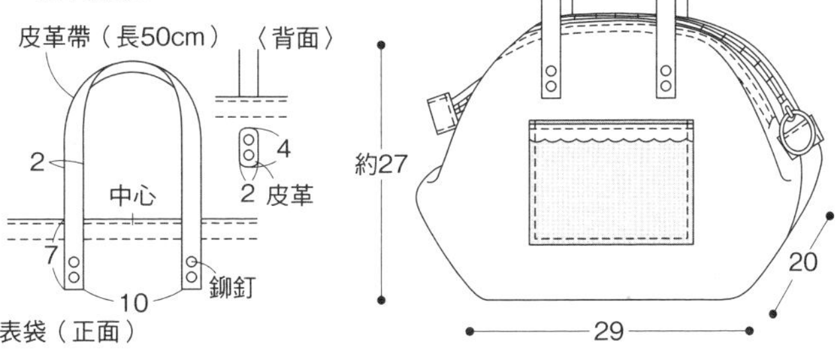

皮革帶（長50cm）
（背面）
4
2
中心
2 皮革
7
鉚釘
10
表袋（正面）
約27
20
29

※拉鍊布標接合方式請見P.72。
※支架口金組裝方式請見P.35。

斜背式錢包

［Photo P.36］

原寸紙型B面<N>1表布·裡布、2表袋蓋·裡袋蓋

●完成尺寸
寬22×高約12.5×約側身3cm

【材料】
棉布（LIBERTY印花）80×20cm、亞麻布（粉紅色）90×40cm、厚接著襯50×35cm、薄接著襯110×20cm、長度18cm的拉鍊1條、金屬轉釦1組、皮背帶1條

裁布圖

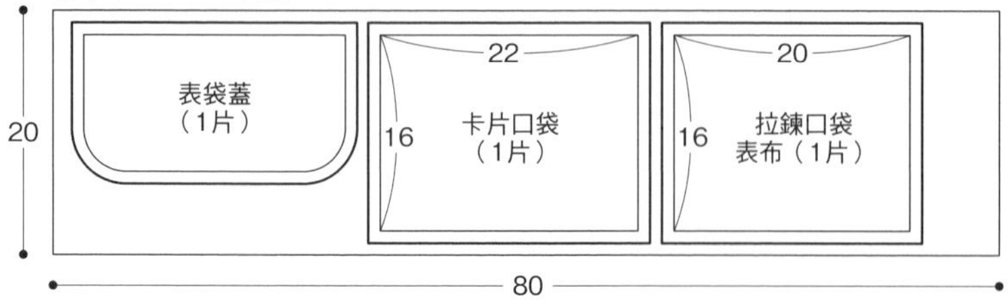

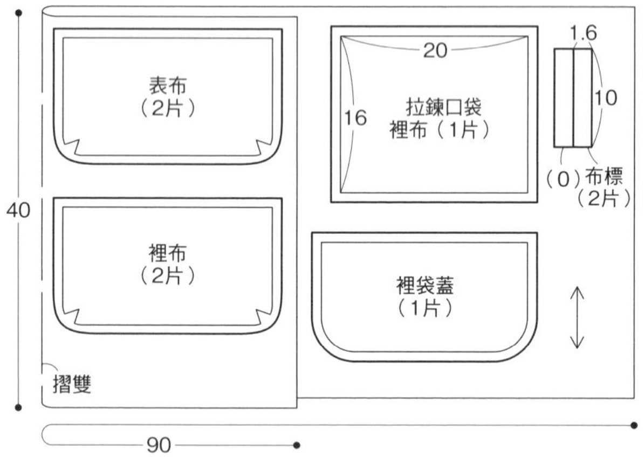

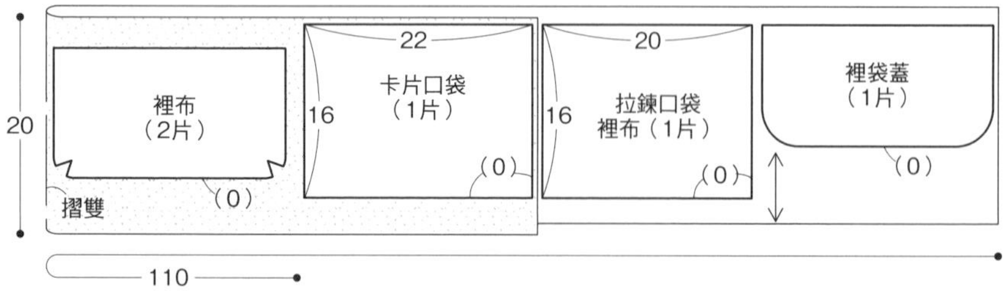

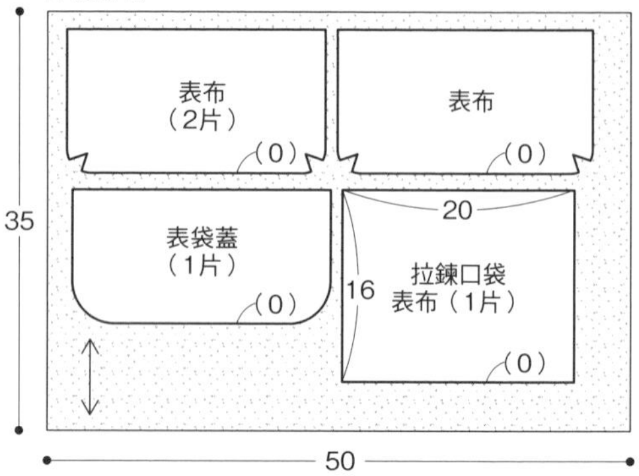

棉布（LIBERTY印花）

表袋蓋（1片）
卡片口袋（1片）22×16
拉鍊口袋表布（1片）20×16
20
80

亞麻布（粉紅色）

表布（2片）
裡布（2片）
拉鍊口袋裡布（1片）20×16
布標（2片）1.6×10（0）
裡袋蓋（1片）
摺雙
40
90

薄接著襯

裡布（2片）（0）
卡片口袋（1片）22×16（0）
拉鍊口袋裡布（1片）20×16（0）
裡袋蓋（1片）（0）
摺雙
20
110

厚接著襯

表布（2片）（0）
表布（0）
表袋蓋（1片）（0）
拉鍊口袋表布（1片）20×16（0）
35
50

※（ ）裡的數字為縫份，除此之外縫份皆為1cm。
※接著襯皆不須外加縫份直接裁剪。

1 製作吊耳布

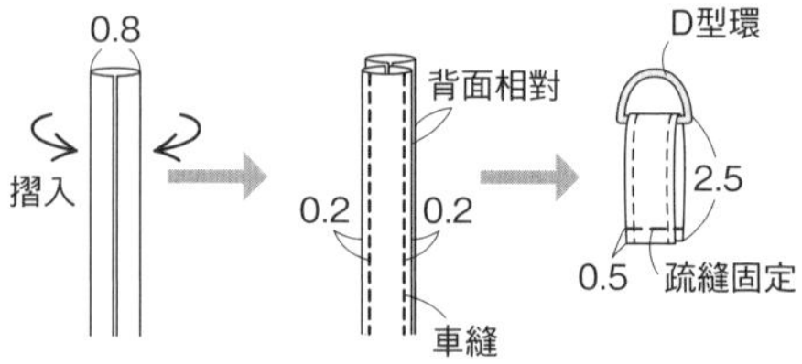

0.8
摺入
背面相對
0.2
0.2
車縫
D型環
2.5
0.5
疏縫固定

2 於各部位黏貼接著襯

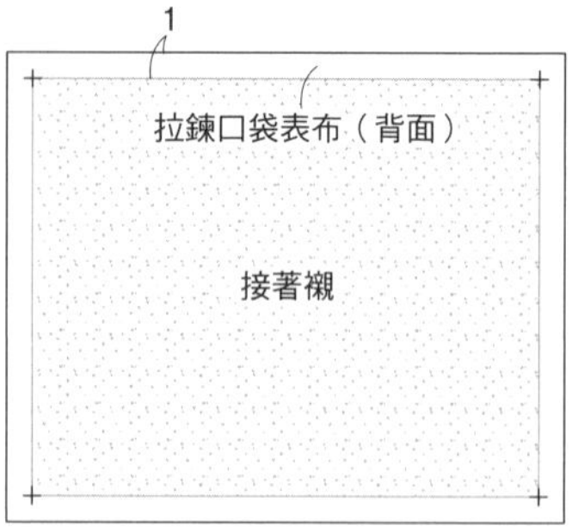

1
拉鍊口袋表布（背面）
接著襯

3 製作拉鍊口袋

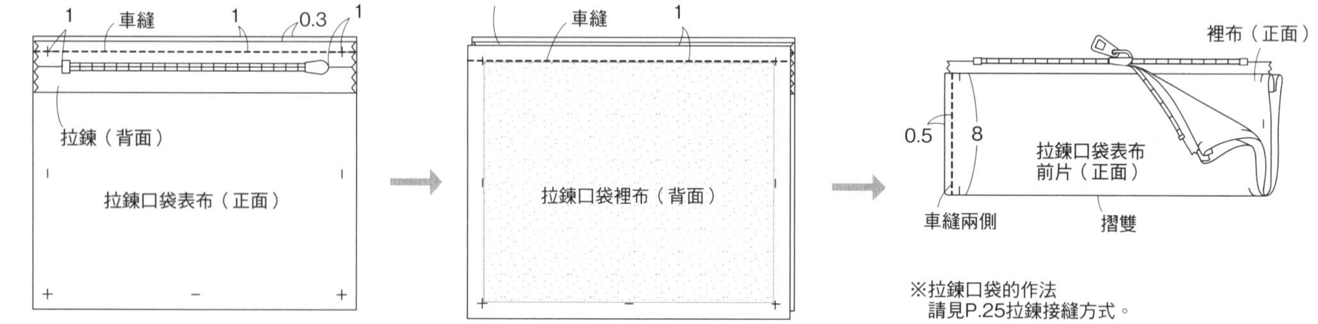

1
車縫
1
0.3
1
拉鍊（背面）
拉鍊口袋表布（正面）

拉鍊（背面）
車縫
1
拉鍊口袋裡布（背面）

裡布（正面）
0.5
8
拉鍊口袋表布前片（正面）
車縫兩側
摺雙

※拉鍊口袋的作法
請見P.25拉鍊接縫方式。

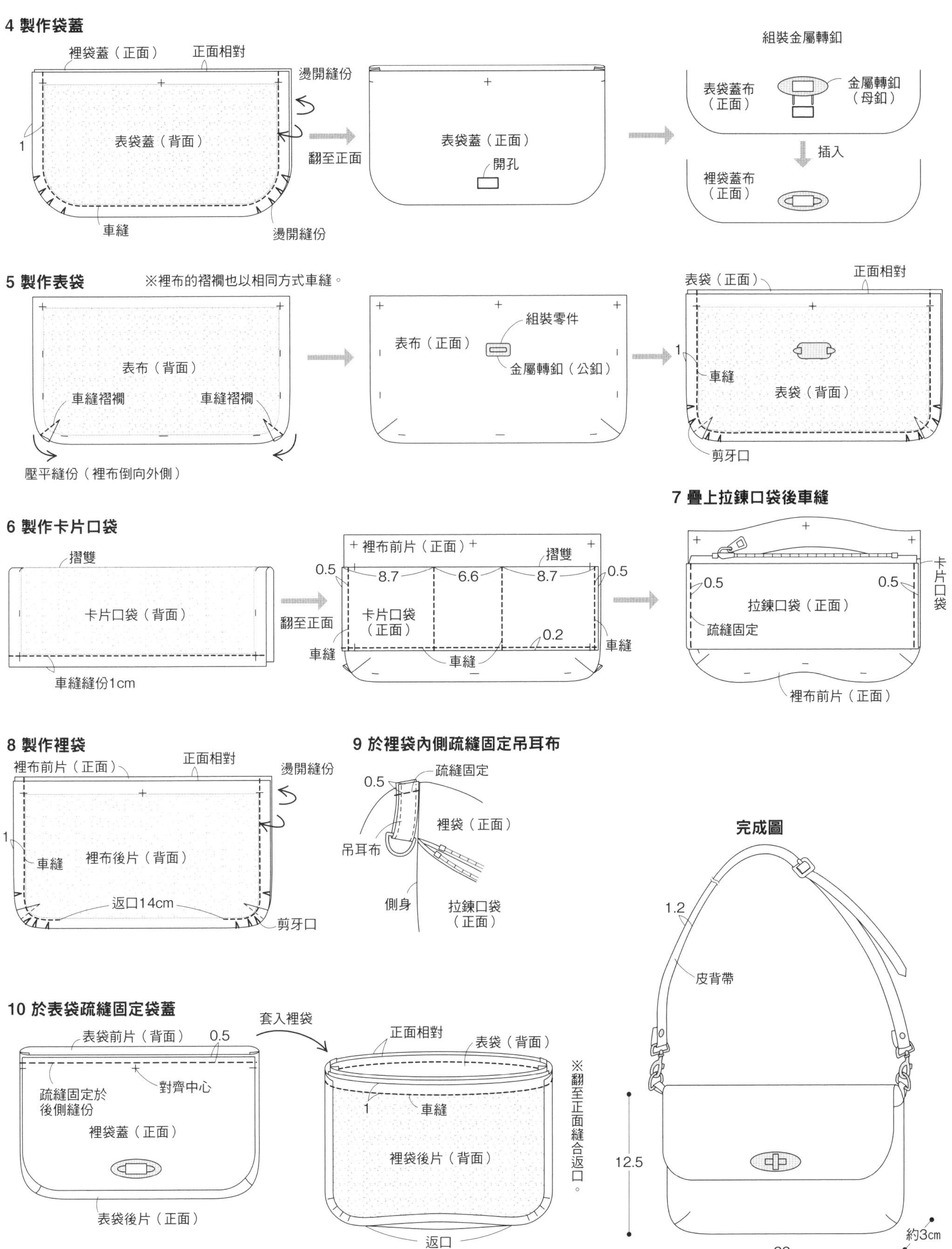
4 製作袋蓋
裡袋蓋（正面）
正面相對
燙開縫份
1
表袋蓋（背面）
車縫
燙開縫份
翻至正面
表袋蓋（正面）
開孔
組裝金屬轉釦
表袋蓋布
（正面）
金屬轉釦
（母釦）
插入
裡袋蓋布
（正面）
5 製作表袋
※裡布的褶襉也以相同方式車縫。
表布（背面）
車縫褶襉
車縫褶襉
壓平縫份（裡布倒向外側）
表布（正面）
組裝零件
金屬轉釦（公釦）
表袋（正面）
正面相對
1
車縫
表袋（背面）
剪牙口
6 製作卡片口袋
摺雙
卡片口袋（背面）
車縫縫份1cm
翻至正面
裡布前片（正面）
摺雙
0.5
8.7
6.6
8.7
0.5
卡片口袋
（正面）
0.2
車縫
車縫
車縫
7 疊上拉鍊口袋後車縫
卡片口袋
0.5
0.5
拉鍊口袋（正面）
疏縫固定
裡布前片（正面）
8 製作裡袋
裡布前片（正面）
正面相對
燙開縫份
1
車縫
裡布後片（背面）
返口14cm
剪牙口
9 於裡袋內側疏縫固定吊耳布
0.5
疏縫固定
裡袋（正面）
吊耳布
側身
拉鍊口袋
（正面）
完成圖
1.2
皮背帶
12.5
22
約3cm
10 於表袋疏縫固定袋蓋
表袋前片（背面）
0.5
疏縫固定於
後側縫份
對齊中心
裡袋蓋（正面）
表袋後片（正面）
套入裡袋
正面相對
表袋（背面）
1
車縫
裡袋後片（背面）
返口
※翻至正面縫合返口。

2WAY 腰包

[Photo P.38]

原寸紙型B面<O>1表布·裡布、2側身布

●完成尺寸
寬23×高12×
側身6cm

【材料】

11號帆布（卡其色）70×40cm、帆布（米色）70×40cm、棉布（LIBERTY印花 Capel）70×30cm、長度40cm的尼龍拉鍊1條、寬度3cm的腰包繫帶（BS-1230／INAZUMA）1組、布標1片

※沒有腰包繫帶時…寬度3cm的織帶130cm、內徑3cm的日型環1個、內徑3cm的插釦1組

裁布圖

11號帆布（卡其色）

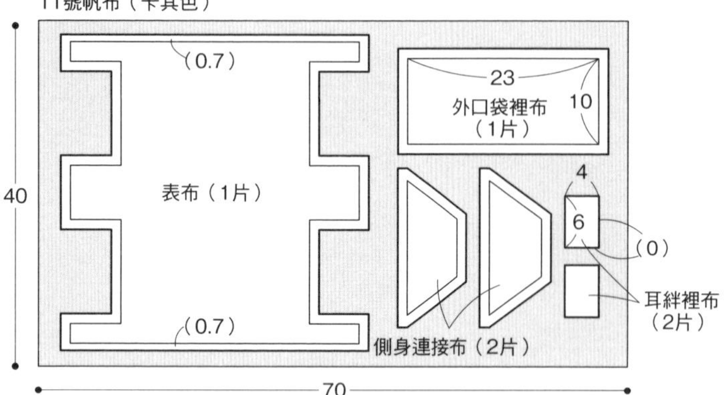

(0.7)
23
外口袋裡布
(1片)
10
40
表布（1片）
4
6
(0)
耳絆裡布
(2片)
(0.7)
側身連接布（2片）
70

帆布（米色）

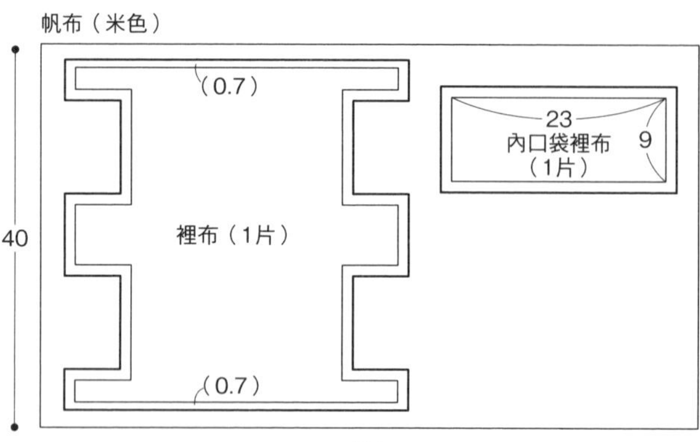

(0.7)
23
內口袋裡布
(1片)
9
40
裡布（1片）
(0.7)
70

※（　）裡的數字為縫份，除此之外縫份皆為1cm。

棉布（LIBERTY印花 Capel）

3.4
6
(0)
23
8
外口袋表布（1片）
耳絆表布
(2片)
30
23
內口袋表布
(1片)
9
3.5
斜布條
80cm
70

1 製作口袋

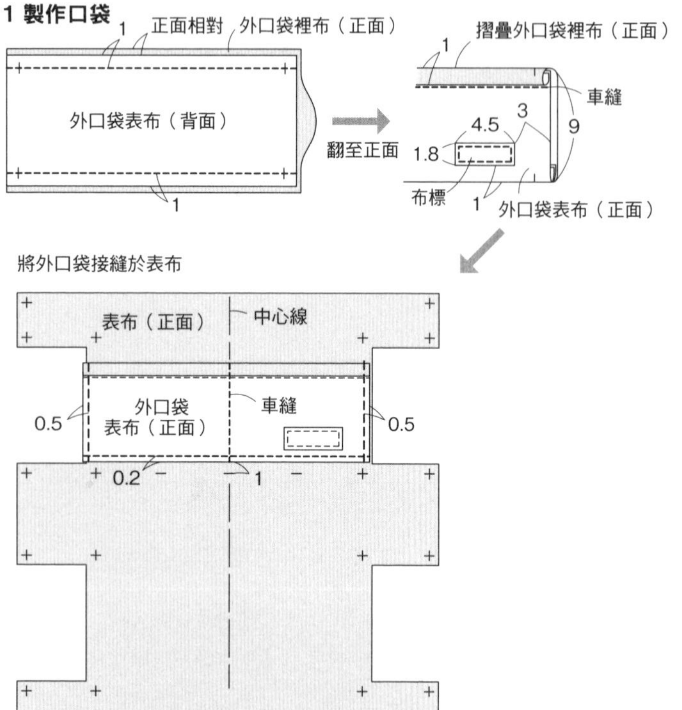

1
正面相對
外口袋裡布（正面）
外口袋表布（背面）
1
翻至正面
摺疊外口袋裡布（正面）
1
車縫
4.5
3
9
1.8
布標
1
外口袋表布（正面）
將外口袋接縫於表布
表布（正面）
中心線
0.5
外口袋
表布（正面）
車縫
0.5
0.2
1

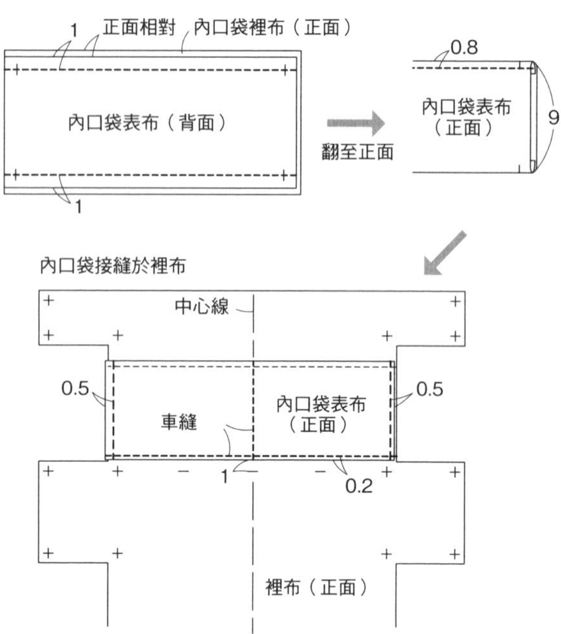

1
正面相對
內口袋裡布（正面）
內口袋表布（背面）
1
翻至正面
0.8
內口袋表布
(正面)
9
內口袋接縫於裡布
中心線
0.5
車縫
內口袋表布
(正面)
0.5
1
0.2
裡布（正面）

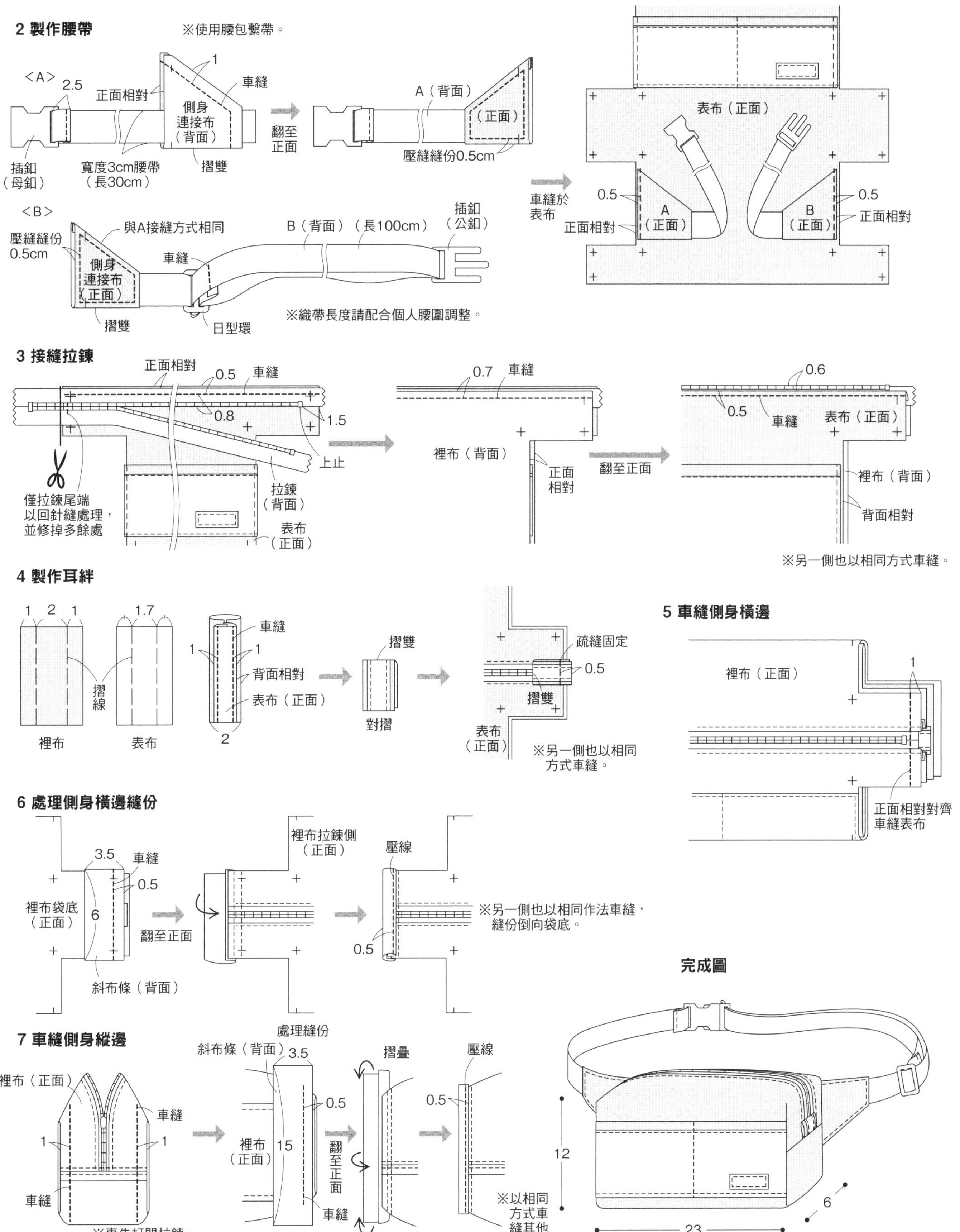

2 製作腰帶
※使用腰包繫帶。
<A>
2.5
正面相對
1
車縫
側身
連接布
（背面）
翻至
正面
A（背面）
（正面）
壓縫縫份0.5cm
插釦
（母釦）
寬度3cm腰帶
（長30cm）
摺雙
<B>
壓縫縫份
0.5cm
與A接縫方式相同
B（背面）（長100cm）
插釦
（公釦）
車縫
側身
連接布
（正面）
摺雙
日型環
※織帶長度請配合個人腰圍調整。
表布（正面）
車縫於
表布
0.5
正面相對
A
（正面）
B
（正面）
0.5
正面相對
3 接縫拉鍊
正面相對
0.5
車縫
0.8
1.5
上止
僅拉鍊尾端
以回針縫處理，
並修掉多餘處
拉鍊
（背面）
表布
（正面）
0.7
車縫
裡布（背面）
正面
相對
翻至正面
0.6
0.5
車縫
表布（正面）
裡布（背面）
背面相對
※另一側也以相同方式車縫。
4 製作耳絆
1 2 1
1.7
摺
線
裡布
表布
車縫
1
1
背面相對
表布（正面）
2
摺雙
對摺
疏縫固定
0.5
摺雙
表布
（正面）
※另一側也以相同
方式車縫。
5 車縫側身橫邊
1
裡布（正面）
正面相對對齊
車縫表布
6 處理側身橫邊縫份
3.5
車縫
0.5
裡布袋底
（正面）
6
斜布條（背面）
翻至正面
裡布拉鍊側
（正面）
壓線
0.5
※另一側也以相同作法車縫，
縫份倒向袋底。
完成圖
12
6
23
7 車縫側身縱邊
裡布（正面）
車縫
1
1
車縫
※事先打開拉鍊。
處理縫份
斜布條（背面）3.5
0.5
裡布
（正面）
15
車縫
摺疊
翻至正面
壓線
0.5
※以相同
方式車縫其他
部分。

2WAY後背包

[Photo P.39]

原寸紙型B面<P>1表布後片・裡布後片、2表袋底・裡袋底

●完成尺寸
約寬21×高31×
側身10cm

【材料】

中厚棉布（SOFT BAHAMAS）100×60cm、11號帆布（深藍色）45×25cm、棉麻學生布（藍色）90×60cm、接著襯70×50cm、寬度2cm的人字織帶250cm、內徑2cm的D型環 4個、內徑2cm的問號鉤 2個、內徑2cm的日型環 1個、長度36cm・20cm・16cm的拉鍊各1條

裁布圖

中厚棉布（SOFT BAHAMAS）

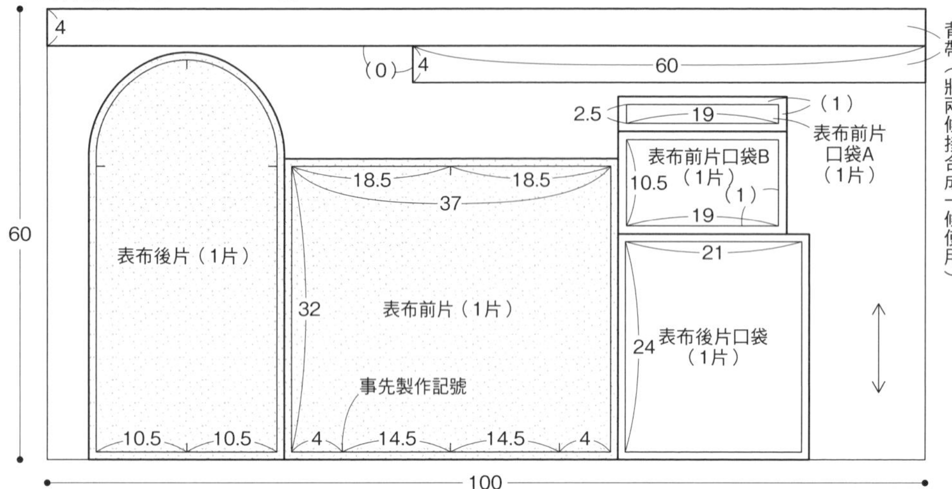
4
(0)
4
60
背帶（將兩條接合成一條使用）
2.5
19
(1)
表布前片口袋A（1片）
表布前片口袋B（1片）
10.5
(1)
19
18.5
18.5
37
21
表布後片（1片）
32
表布前片（1片）
24
表布後片口袋（1片）
事先製作記號
10.5
10.5
4
14.5
14.5
4
60
100

※（ ）裡的數字為縫份，
除此之外縫份皆為0.7cm。
※▒部分貼上接著襯。

棉麻學生布（藍色）

※全部為裡袋。

4 4
(0) 2.7
拉鍊裝飾布（2片）
裡布前片口袋A（1片）
2.5
(1)
19
(3)
17
17
內口袋（1片）
(1)
裡袋底（1片）
裡布前片口袋B（1片）
10.5
(1)
19
18.5
18.5
37
60
裡布後片（1片）
21
24
裡布後片口袋（1片）
32
裡布前片（1片）
10.5
10.5
4
14.5
14.5
4
90

11號帆布（深藍色）

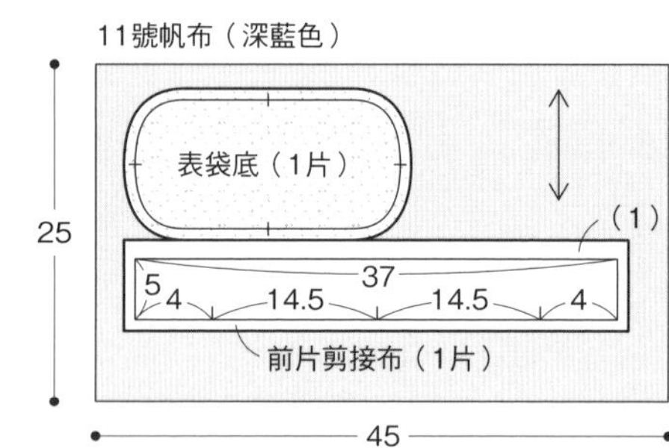
表袋底（1片）
(1)
25
37
5
4
14.5
14.5
4
前片剪接布（1片）
45

1 製作肩背帶

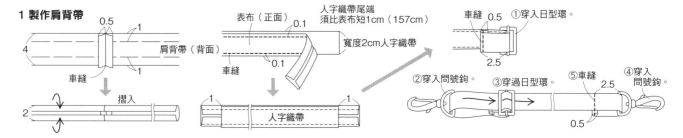

0.5
1
4
肩背帶（背面）
1
車縫
摺入
2
表布（正面）
0.1
人字織帶尾端
須比表布短1cm（157cm）
寬度2cm人字織帶
車縫
0.1
1
1
人字織帶
車縫 0.5
①穿入日型環。
2.5
②穿入問號鉤。
③穿過日型環。
⑤車縫
2.5
④穿入問號鉤。
0.5

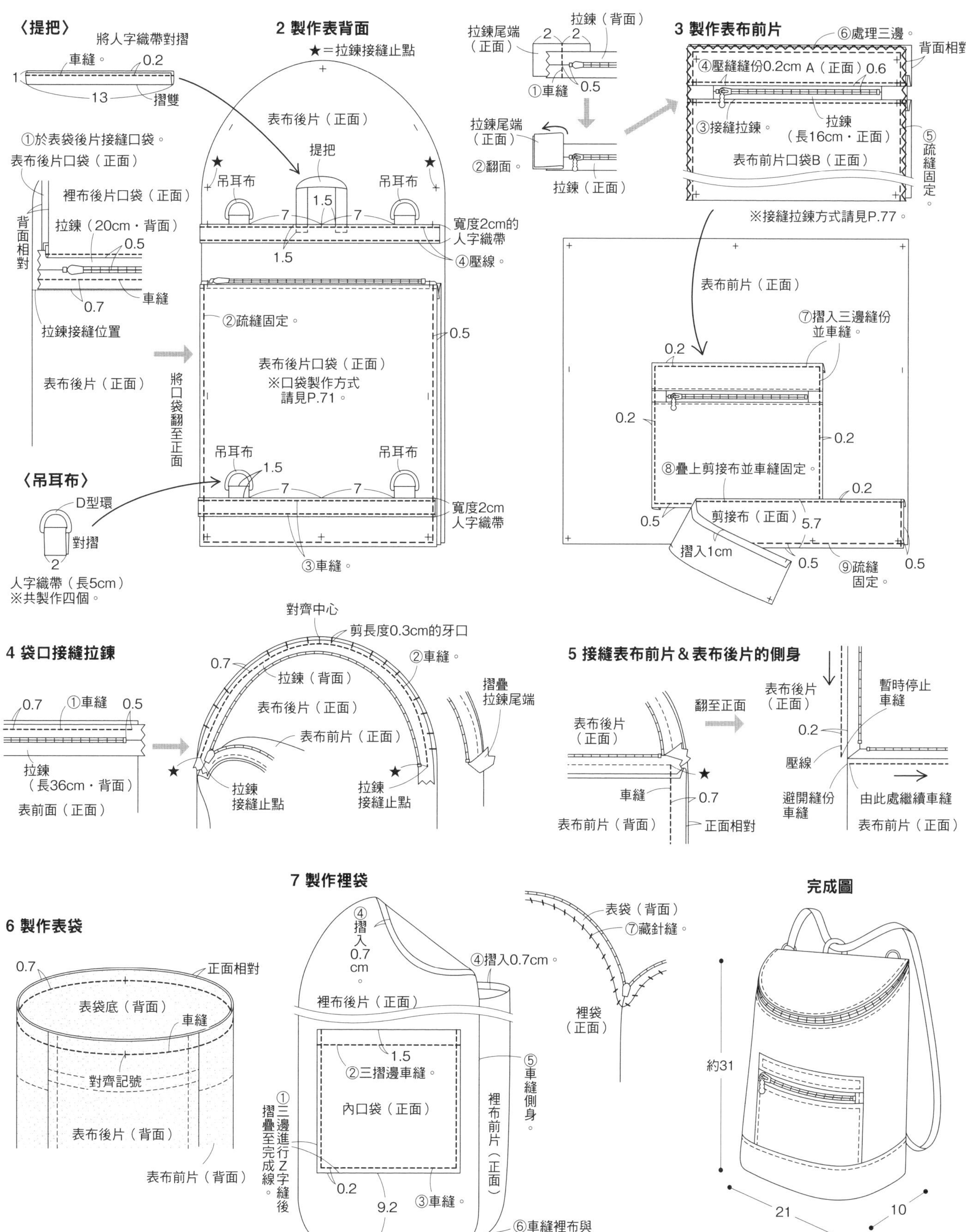
〈提把〉
將人字織帶對摺
車縫。
0.2
1
13
摺雙
①於表袋後片接縫口袋。
表布後片口袋（正面）
裡布後片口袋（正面）
背面相對
拉鍊（20cm・背面）
0.5
0.7
車縫
拉鍊接縫位置
表布後片（正面）
將口袋翻至正面
〈吊耳布〉
D型環
對摺
2
人字織帶（長5cm）
※共製作四個。
2 製作表背面
★＝拉鍊接縫止點
表布後片（正面）
提把
吊耳布
1.5
7
寬度2cm的人字織帶
④壓線。
②疏縫固定。
0.5
表布後片口袋（正面）
※口袋製作方式請見P.71。
寬度2cm人字織帶
③車縫。
拉鍊尾端（正面）
拉鍊（背面）
①車縫
②翻面。
拉鍊（正面）
3 製作表布前片
⑥處理三邊。
背面相對
④壓縫縫份0.2cm A（正面）0.6
③接縫拉鍊。
拉鍊（長16cm・正面）
表布前片口袋B（正面）
⑤疏縫固定。
※接縫拉鍊方式請見P.77。
表布前片（正面）
⑦摺入三邊縫份並車縫。
0.2
⑧疊上剪接布並車縫固定。
剪接布（正面）
5.7
摺入1cm
⑨疏縫固定。
4 袋口接縫拉鍊
0.7
①車縫
拉鍊（長36cm・背面）
表前面（正面）
對齊中心
剪長度0.3cm的牙口
②車縫。
拉鍊（背面）
表布後片（正面）
表布前片（正面）
拉鍊接縫止點
摺疊拉鍊尾端
5 接縫表布前片&表布後片的側身
表布後片（正面）
翻至正面
車縫
表布前片（背面）
正面相對
暫時停止車縫
壓線
避開縫份車縫
由此處繼續車縫
表布前片（正面）
6 製作表袋
正面相對
表袋底（背面）
對齊記號
表布後片（背面）
表布前片（背面）
7 製作裡袋
④摺入0.7cm。
裡布後片（正面）
②三摺邊車縫。
內口袋（正面）
①三邊進行Z字縫後摺疊至完成線。
9.2
③車縫。
⑤車縫側身。
裡布前片（正面）
⑥車縫裡布與裡袋底。
表袋（背面）
⑦藏針縫。
裡袋（正面）
完成圖
約31
21
10

小鳥口袋波士頓包

[Photo P.37]
原寸紙型B面＜Q＞1表布·裡布

●完成尺寸
寬38×高22×側身20cm

【材料】
亞麻混紡背包布（深藍色）80×100cm、鋪棉（米白色）80×90cm、牛津布（小鳥印花）85×20cm、人字織帶10cm、長度50cm的拉鍊1條、內徑寬3cm的D型環（DK-6-37／INAZUMA）2個、壓克力織帶提把（YAT-1433／INAZUMA）1條

裁布圖

亞麻混紡背包布（深藍色）
表布（1片）
拉鍊裝飾布（2片）
提把（2片）
摺雙
100 80 3 5 (0) 48 8 (0)

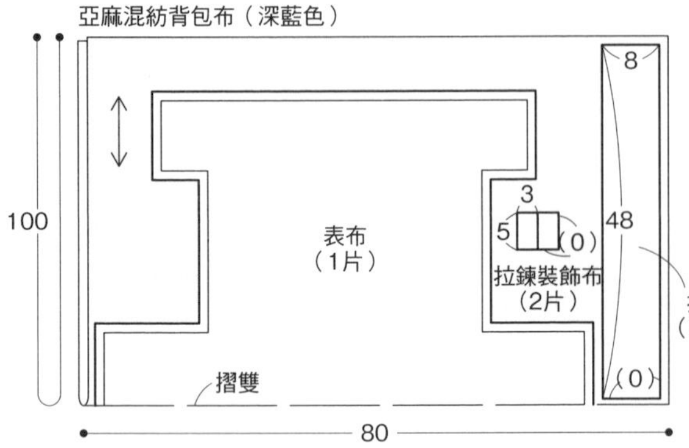

鋪棉（米白色）
裡布（1片）
內口袋（1片）
摺雙
90 80 (2) 22 13.5

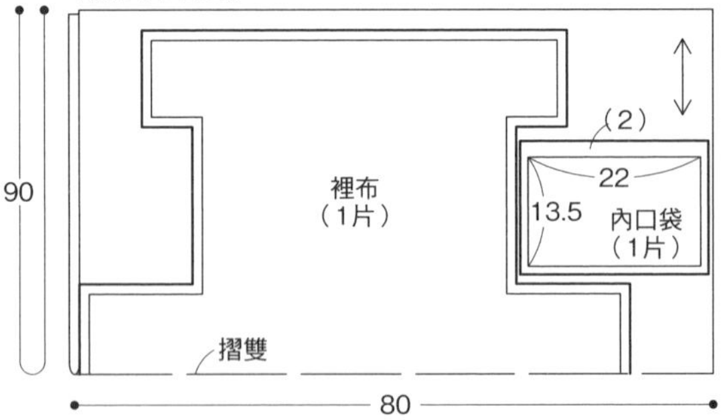

※（ ）裡的數字為縫份，除此之外縫份皆為1cm。

牛津布（小鳥印花）
外口袋（2片）
摺雙
20 85 (2) 38 14

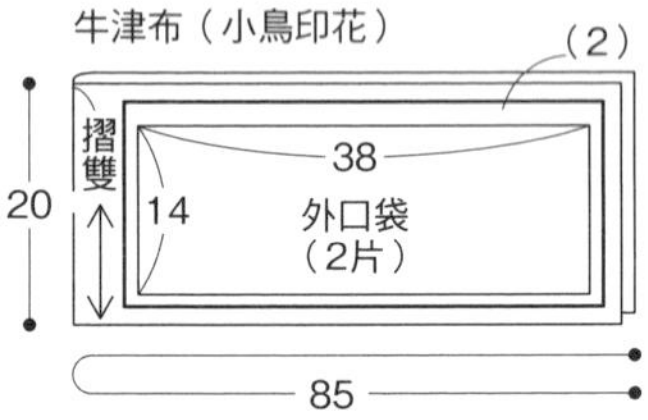

1 製作提把

3 摺雙 1 摺疊
0.2 車縫 3 46
兩端往內側摺疊

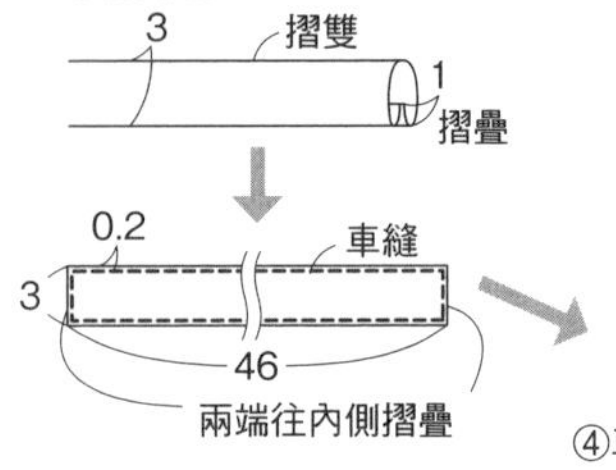

2 於表布接縫提把&外口袋

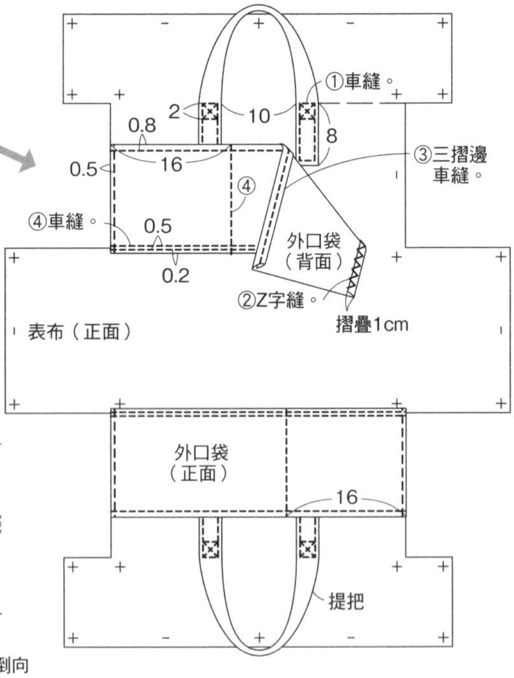

①車縫。
②Z字縫。
③三摺邊車縫。
④車縫。
摺疊1cm
外口袋（背面）
表布（正面）
外口袋（正面）
提把
2 10 8 0.8 16 0.5 0.5 0.2 16

D型環
※共製作兩片。
人字織帶（長度5cm）
3
底邊（正面）
正面相對
表布（背面）
夾車人字織帶
翻至正面
車縫
縫份倒向袋底
1 0.2

3 接縫拉鍊&車縫側身

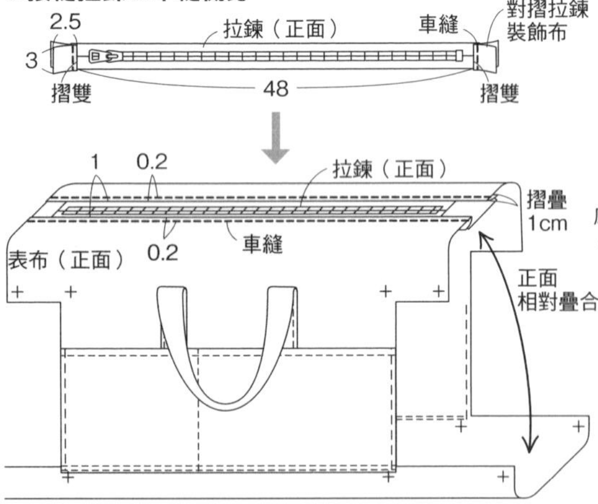

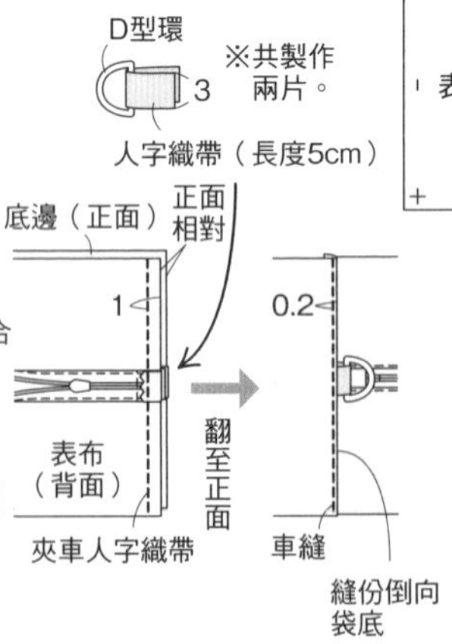

拉鍊（正面）
車縫
對摺拉鍊裝飾布
摺雙
2.5 3 48
1 0.2
拉鍊（正面）
摺疊1cm
表布（正面）
0.2 0.2
車縫
正面相對疊合

4 車縫側身縱邊

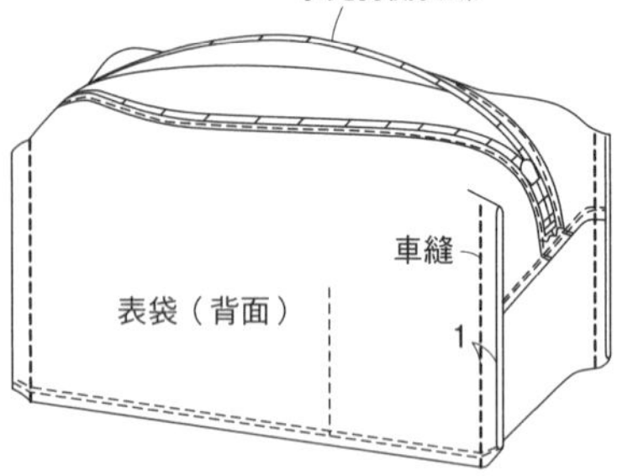

事先打開拉鍊
車縫
表袋（背面）
1

5 製作裡袋

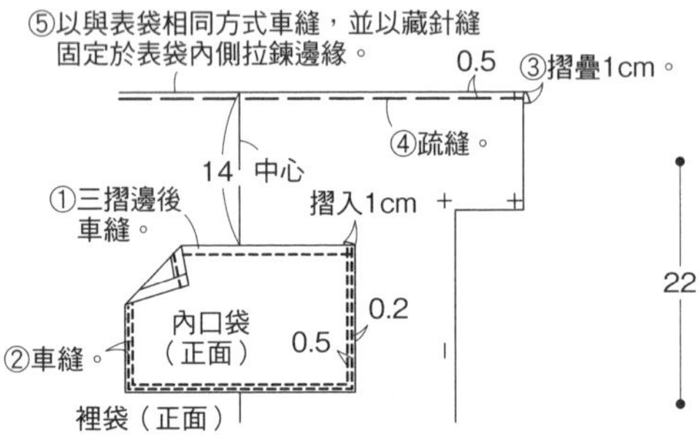

⑤以與表袋相同方式車縫，並以藏針縫固定於表袋內側拉鍊邊緣。
③摺疊1cm。
④疏縫。
0.5
14 中心
①三摺邊後車縫。
摺入1cm
②車縫。
內口袋（正面）
0.5 0.2
裡袋（正面）

完成圖

壓克力織帶提把
22 20 38

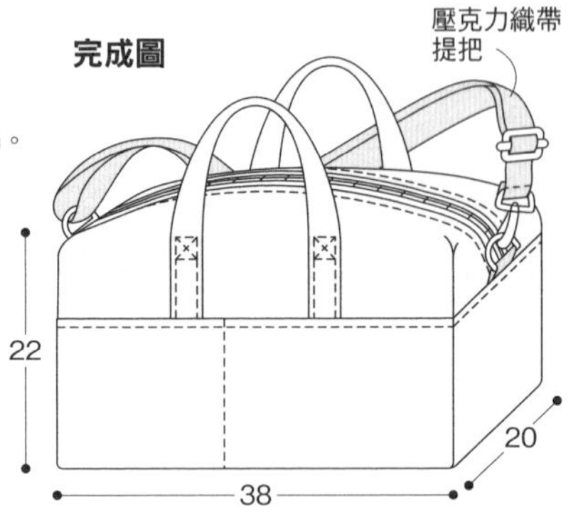

手機收納袋

[Photo P.43]

原寸紙型B面＜R＞1表布·裡布、2後口袋表布·裡布A、3後口袋表布·裡布B

●完成尺寸
寬13×高17cm

【材料】
亞麻布（黑色）60×25cm、平織棉布（米色）50×25cm、接著棉襯35×20cm、寬6.4cm民族風織帶20cm、長度20cm的拉鍊（FS-201／INAZUMA）1條、直徑1cm的磁釦（AK25-10／INAZUMA）1組、總長7cm（不含掛繩）流蘇1組、含兩個內徑1.5cm D型環的提把（BS-2726A／INAZUMA）1條、水鑽0.8×0.8cm6個

裁布圖

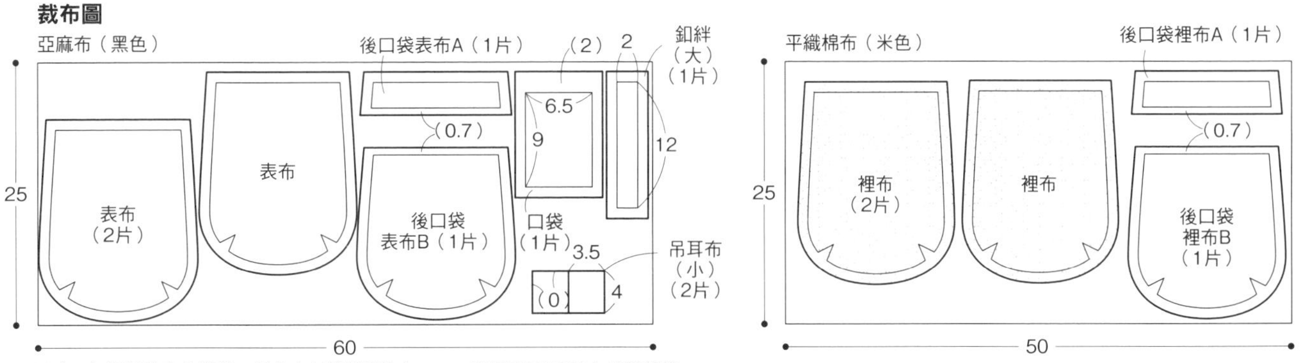

亞麻布（黑色）
後口袋表布A（1片）
（2）
2
釦絆（大）（1片）
6.5
（0.7）
9
12
25
表布
表布（2片）
後口袋表布B（1片）
口袋（1片）
3.5
吊耳布（小）（2片）
（0）
4
60
平織棉布（米色）
後口袋裡布A（1片）
（0.7）
25
裡布（2片）
裡布
後口袋裡布B（1片）
50

※（　）裡的數字為縫份，除此之外縫份皆為1cm。　※　部分貼上接著棉襯。

1 接縫口袋

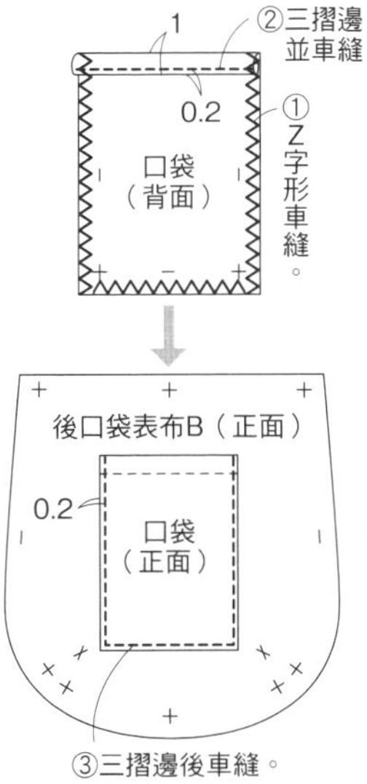

1
②三摺邊並車縫。
0.2
①Z字形車縫。
口袋（背面）
後口袋表布B（正面）
0.2
口袋（正面）
③三摺邊後車縫。

2 製作後片

※拉鍊接縫方式請見P.25。

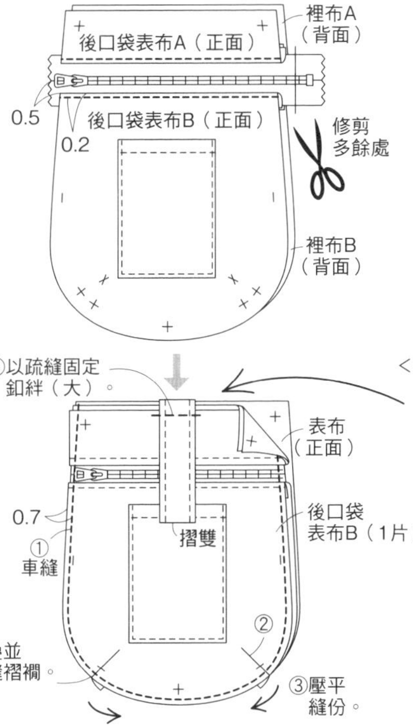

後口袋表布A（正面）
裡布A（背面）
0.5
後口袋表布B（正面）
0.2
修剪多餘處
裡布B（背面）
④以疏縫固定釦絆（大）。
表布（正面）
0.7
①車縫
摺雙
後口袋表布B（1片）
②重疊並車縫褶襉。
②
③壓平縫份。

3 製作前片

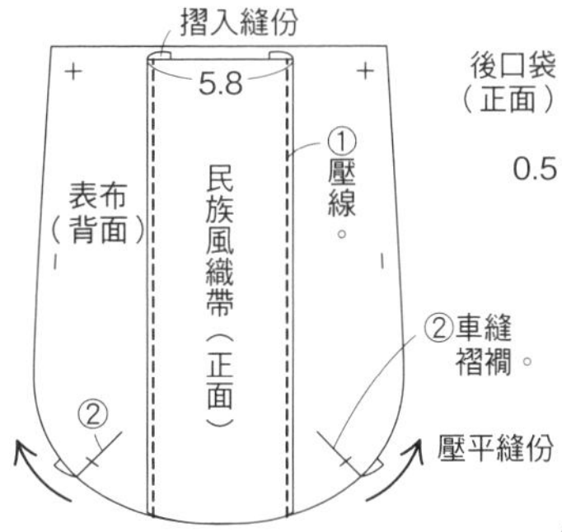

摺入縫份
5.8
表布（背面）
民族風織帶（正面）
①壓線。
②車縫褶襉。
②
壓平縫份

4 正面相對車縫表布

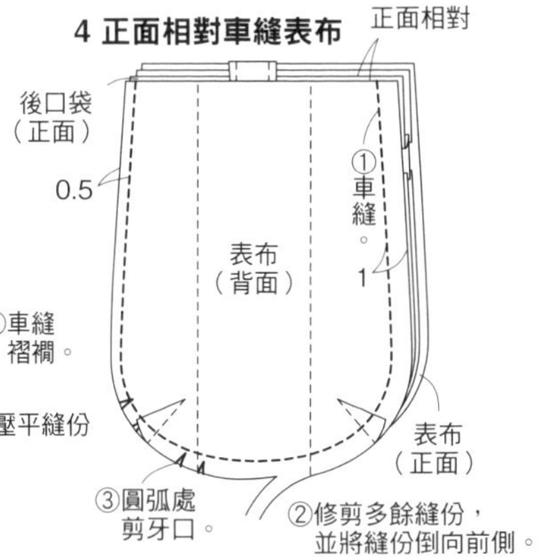

正面相對
後口袋（正面）
0.5
①車縫。
1
表布（背面）
表布（正面）
③圓弧處剪牙口。
②修剪多餘縫份，並將縫份倒向前側。

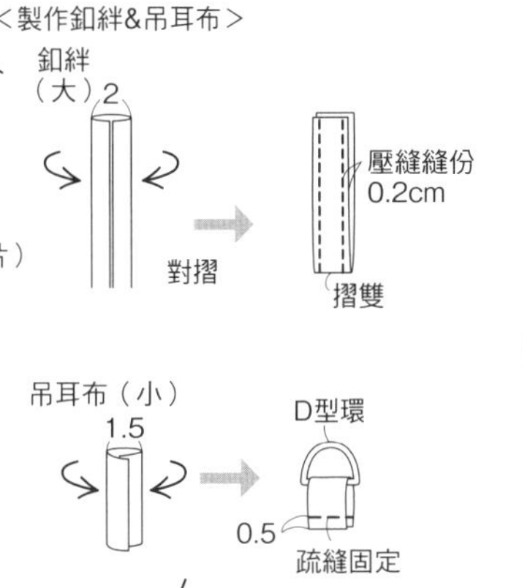

＜製作釦絆&吊耳布＞

釦絆（大）2
對摺
壓縫縫份0.2cm
摺雙
吊耳布（小）
1.5
D型環
0.5
疏縫固定

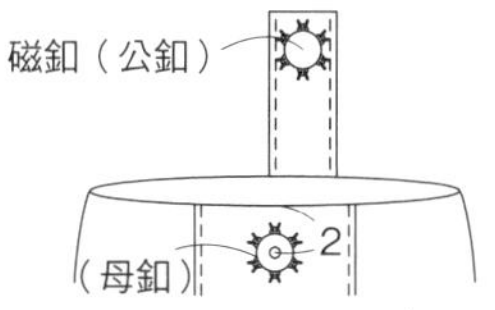

磁釦（公釦）
（母釦）
2

5 製作裡袋

正面相對
1
0.5
5
②車縫。
裡布（背面）
返口8cm
①車縫褶襉。
④圓弧處縫份剪牙口。
③修剪多餘縫份。

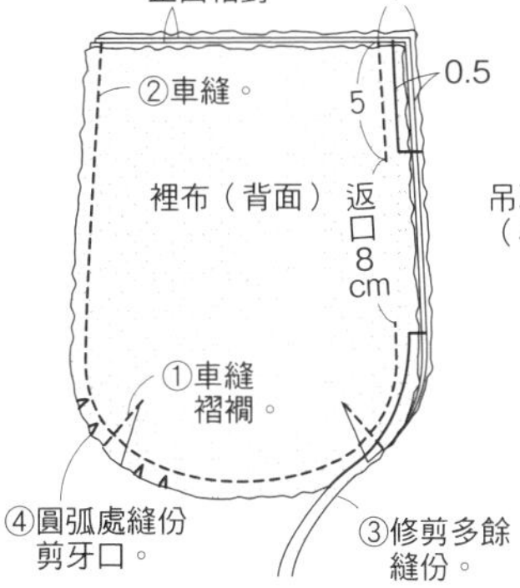

6 裡袋&表袋正面相對疊合

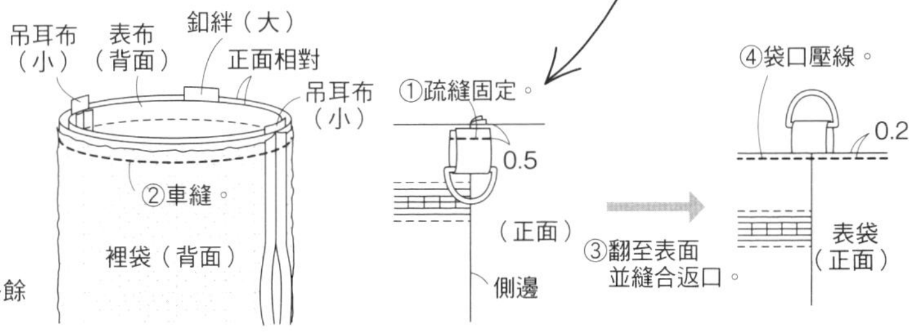

吊耳布（小）
表布（背面）
釦絆（大）
正面相對
吊耳布（小）
②車縫。
裡袋（背面）
①疏縫固定。
0.5
（正面）
側邊
③翻至表面並縫合返口。
④袋口壓線。
0.2
表袋（正面）

完成圖

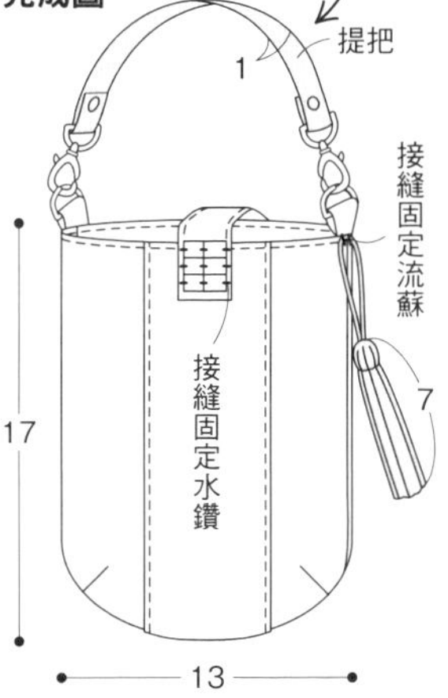

提把
1
接縫固定流蘇
接縫固定水鑽
7
17
13

袋中袋

[Photo P.43]
原寸紙型B面<V>1E內口袋

●完成尺寸
寬21×高15×側身8cm

【材料】
帆布（深紅色）60×40cm、20雙線天竺棉橫條紋布（紅色×深藍色）75×45cm、棉麻學生布（深藍色）112×50cm、接著襯92×60cm、長度20cm的拉鍊（FS-201・FS-202／INAZUMA）各1條、直徑2.5cm的圓環吊飾1個、布標1片

裁布圖

※（ ）裡的數字為縫份，除此之外縫份皆為1cm。
※ 部分貼上接著襯。

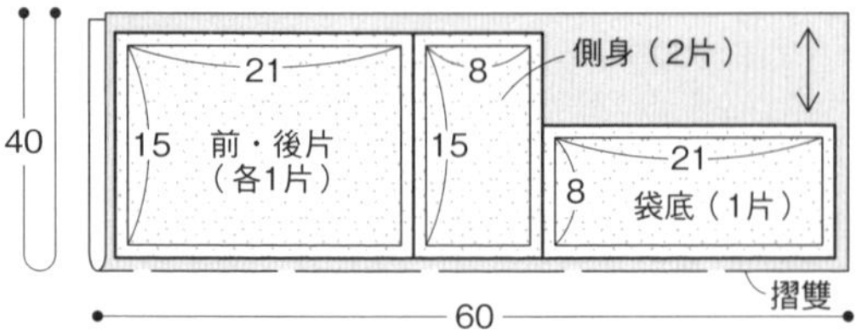

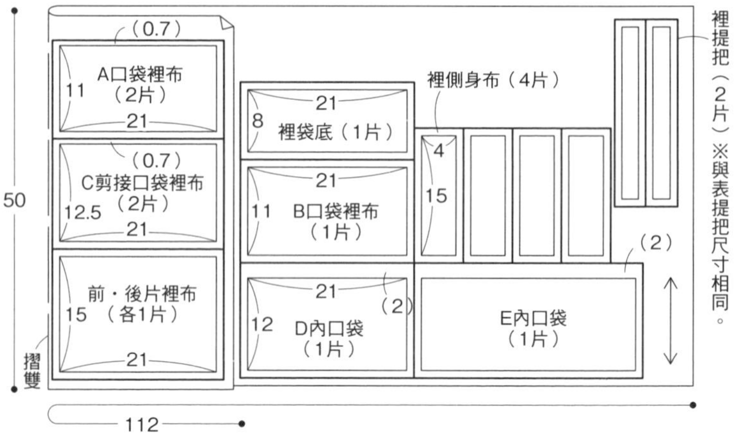

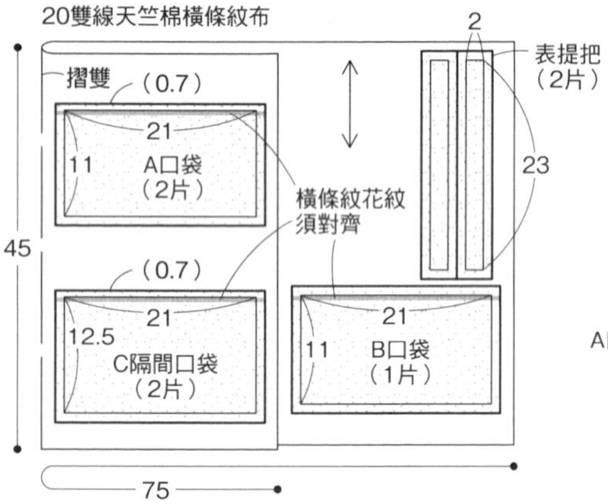

帆布（深紅色）
40　60　摺雙
前・後片（各1片）21　15
側身（2片）8　15
袋底（1片）21　8

20雙線天竺棉橫條紋布
45　75　摺雙
A口袋（2片）(0.7) 21　11
C隔間口袋（2片）(0.7) 21　12.5
B口袋（1片）21　11
表提把（2片）2　23
橫條紋花紋須對齊

棉麻學生布（深藍色）
50　112　摺雙
A口袋裡布（2片）(0.7) 21　11
C剪接口袋裡布（2片）(0.7) 21　12.5
前・後片裡布（各1片）21　15
裡袋底（1片）21　8
B口袋裡布（1片）21　11
D內口袋（1片）21　12　(2)
裡側身布（4片）4　15
E內口袋（1片）(2)
裡提把（2片）※與表提把尺寸相同。

1 於各部位接縫口袋

<A口袋>

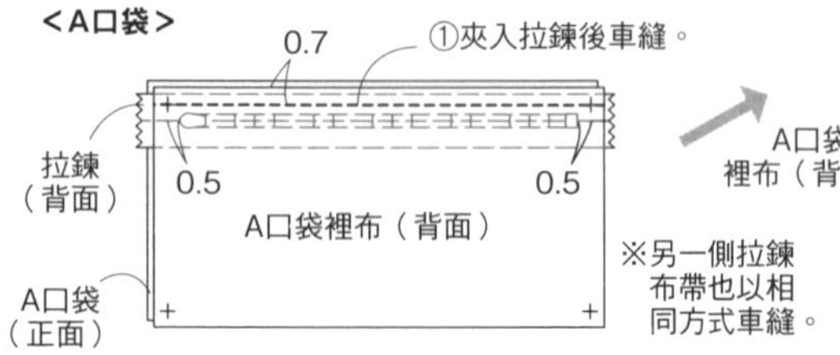

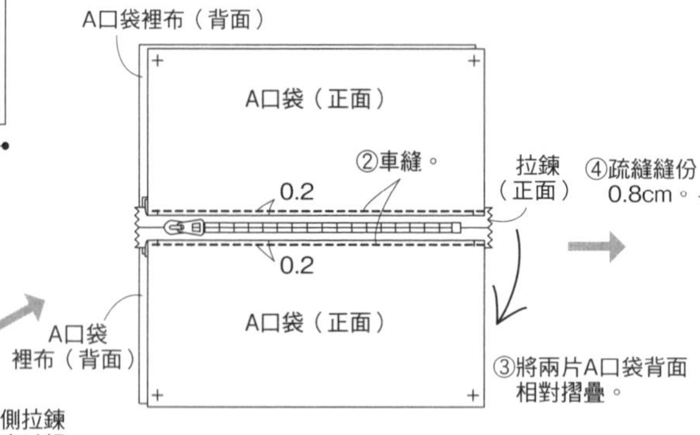

①夾入拉鍊後車縫。
0.7　0.5　0.5
拉鍊（背面）
A口袋裡布（背面）
A口袋（正面）
※另一側拉鍊布帶也以相同方式車縫。

A口袋裡布（背面）
A口袋（正面）
②車縫。
0.2　0.2
拉鍊（正面）
A口袋裡布（背面）
③將兩片A口袋背面相對摺疊。

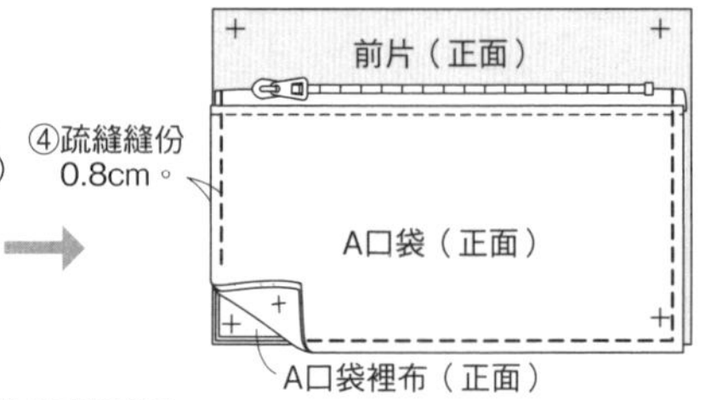

前片（正面）
④疏縫縫份0.8cm。
A口袋（正面）
A口袋裡布（正面）

<B口袋>

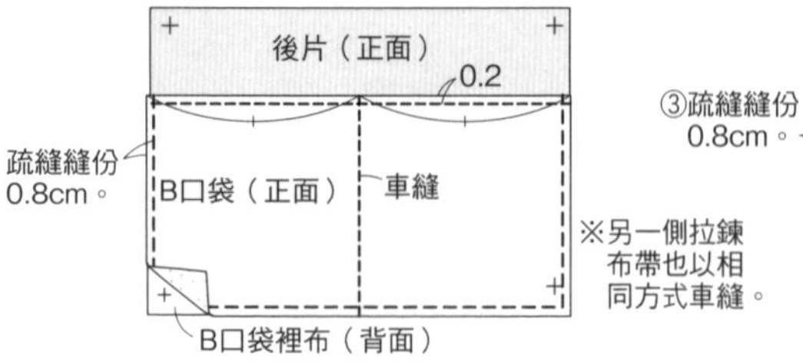

後片（正面）
0.2
疏縫縫份0.8cm。
B口袋（正面）
車縫
B口袋裡布（背面）
※另一側拉鍊布帶也以相同方式車縫。

<D內口袋>

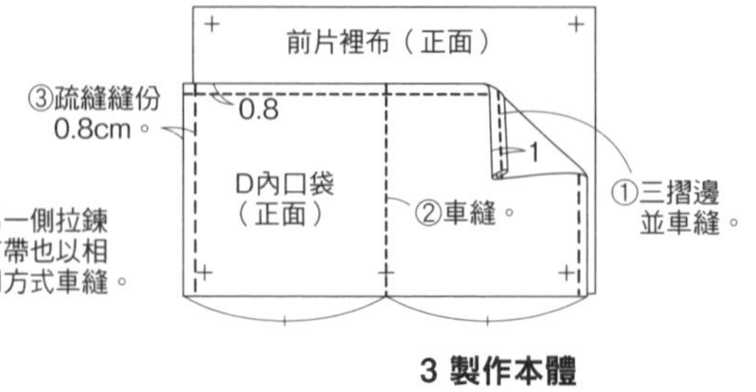

前片裡布（正面）
③疏縫縫份0.8cm。
0.8
D內口袋（正面）
②車縫。
1
①三摺邊並車縫。

<E內口袋>

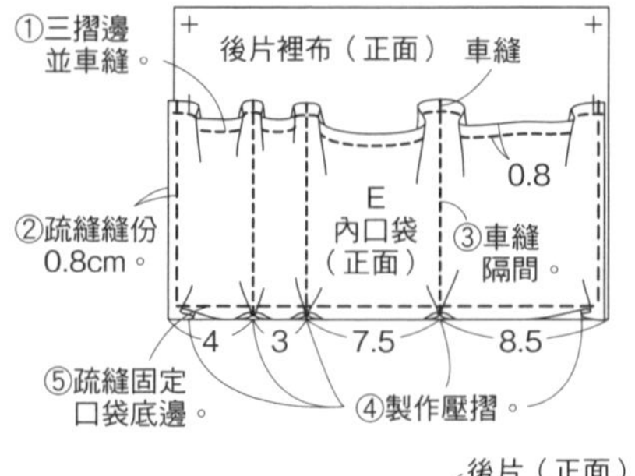

①三摺邊並車縫。
後片裡布（正面）
車縫
0.8
②疏縫縫份0.8cm。
E內口袋（正面）
③車縫隔間。
4　3　7.5　8.5
⑤疏縫固定口袋底邊。
④製作壓摺。

2 製作提把

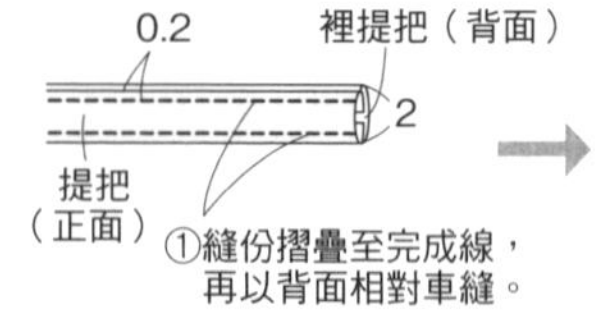

0.2
裡提把（背面）
2
提把（正面）
①縫份摺疊至完成線，再以背面相對車縫。

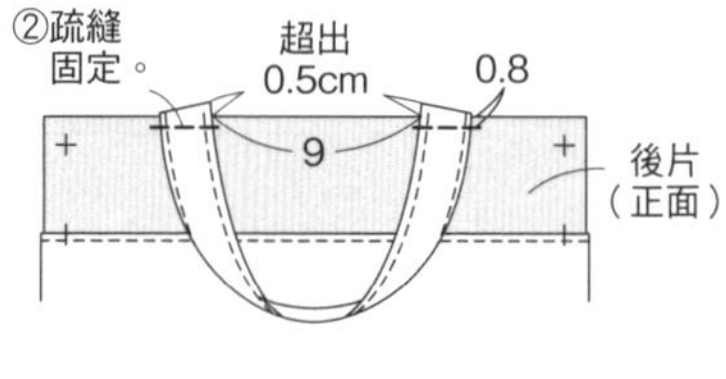

②疏縫固定。
超出0.5cm
0.8
9
後片（正面）

3 製作本體

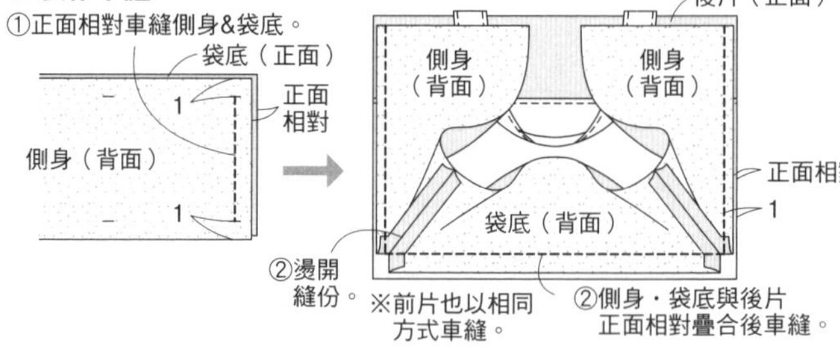

①正面相對車縫側身&袋底。
袋底（正面）
側身（背面）
1　1
正面相對
②燙開縫份。
※前片也以相同方式車縫。

後片（正面）
側身（背面）　側身（背面）
袋底（背面）
正面相對
1
②側身・袋底與後片正面相對疊合後車縫。

包巾袋

[Photo P.42]

●完成尺寸

<大>

約寬度・高度52cm×側身10cm

<一般>

約寬度・高度40cm×側身5.5cm

【材料】

亞麻布（玫瑰印花）<大>135×50cm、<小>93×33cm

裁布圖

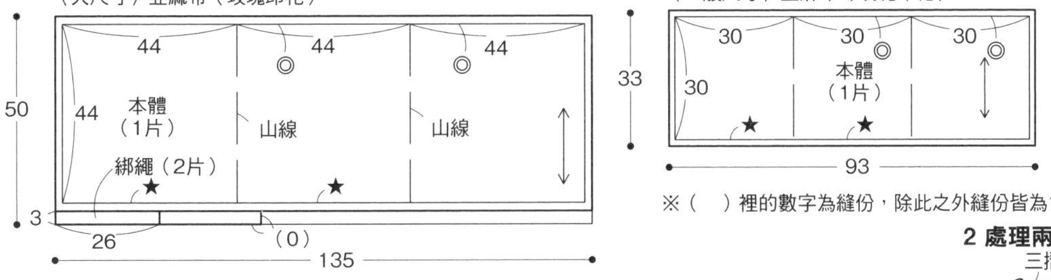

〈大尺寸〉亞麻布（玫瑰印花）

44
44
44
44
50
本體
（1片）
山線
山線
綁繩（2片）
★
★
3
26
（0）
135

〈一般尺寸〉亞麻布（玫瑰印花）

30
30
30
30
33
本體
（1片）
★
★
93

※（　）裡的數字為縫份，除此之外縫份皆為1.5cm。

1 製作綁繩 ※僅大尺寸需要。

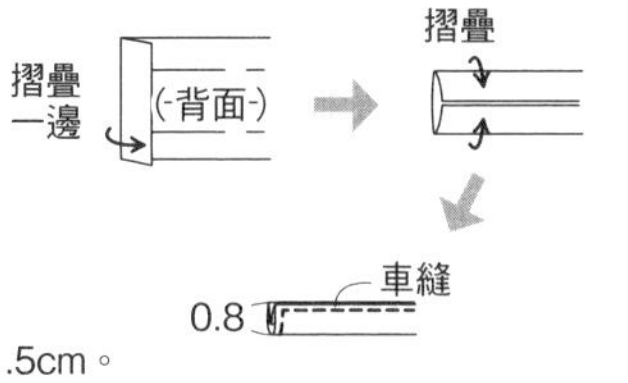

摺疊一邊
（背面）
摺疊
車縫
0.8

2 處理兩側

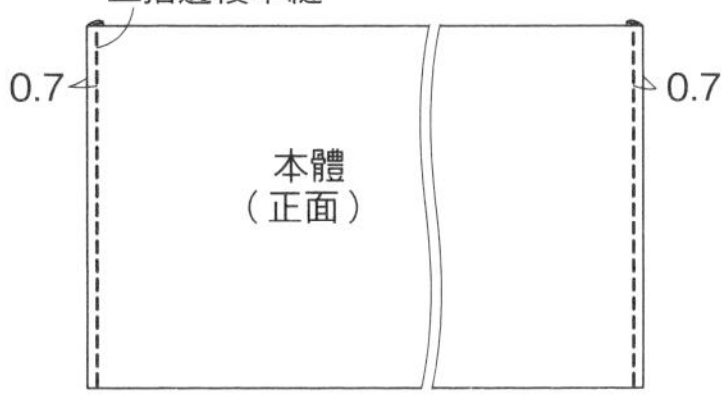

三摺邊後車縫
0.7
0.7
本體
（正面）

3 對齊記號，正面相對疊合並車縫

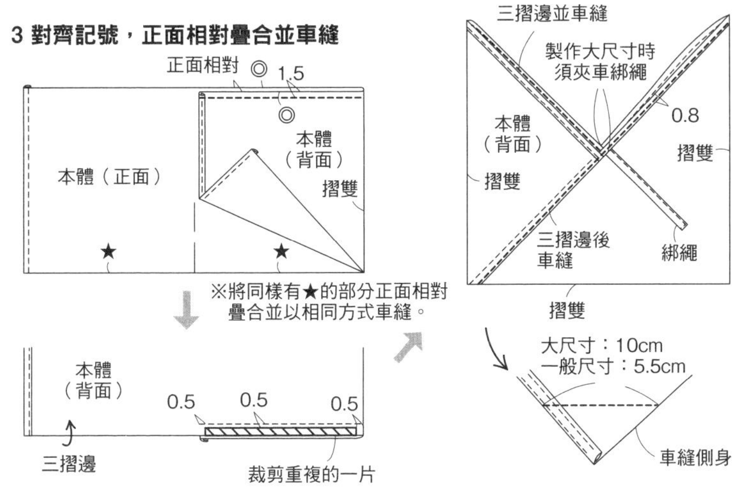

正面相對
◎
1.5
◎
本體（正面）
本體
（背面）
摺雙
★
★

※將同樣有★的部分正面相對疊合並以相同方式車縫。

本體
（背面）
0.5
0.5
0.5
三摺邊
裁剪重複的一片

三摺邊並車縫
製作大尺寸時
須夾車綁繩
0.8
本體
（背面）
摺雙
摺雙
三摺邊後
車縫
綁繩
摺雙

大尺寸：10cm
一般尺寸：5.5cm
車縫側身

完成圖

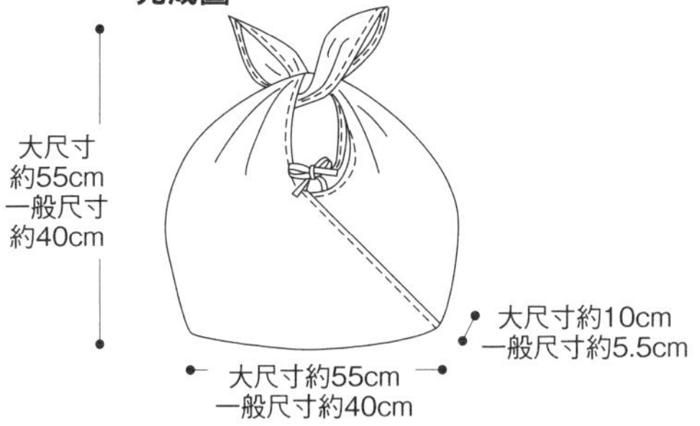

大尺寸
約55cm
一般尺寸
約40cm
大尺寸約10cm
一般尺寸約5.5cm
大尺寸約55cm
一般尺寸約40cm

接續P.82

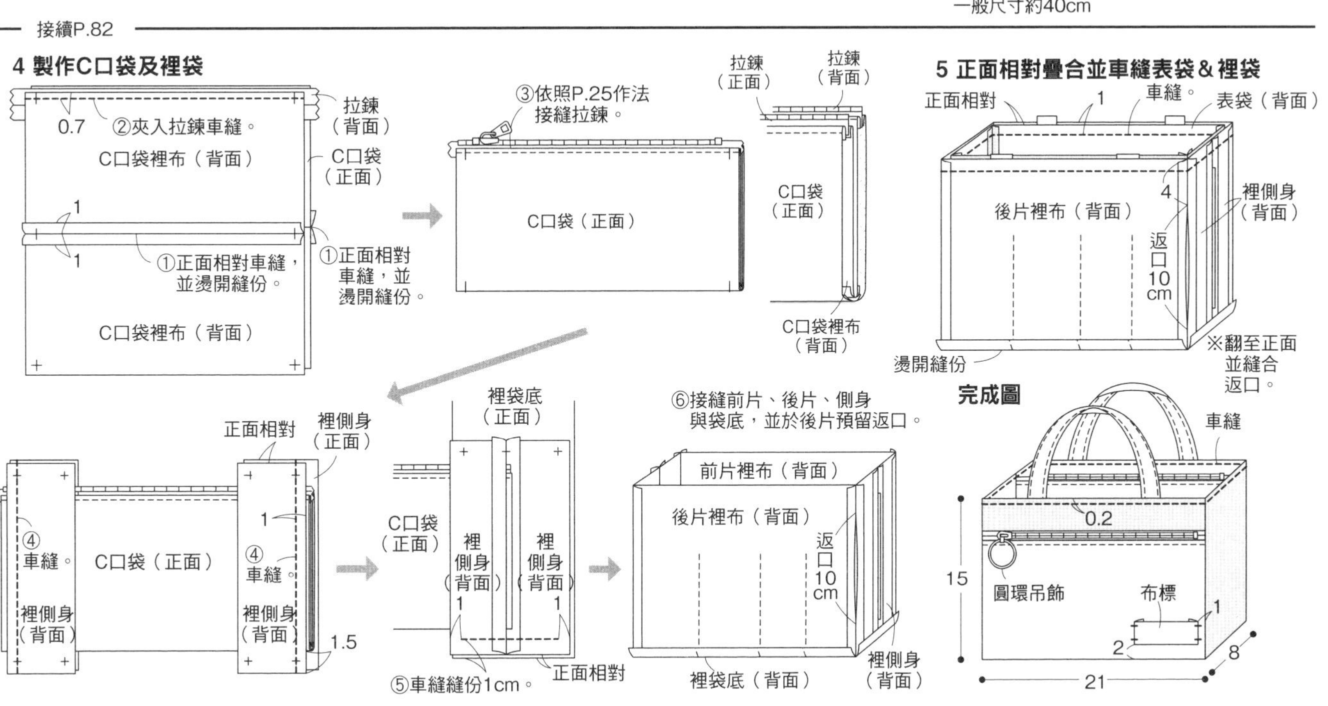
4 製作C口袋及裡袋
0.7
②夾入拉鍊車縫。
拉鍊
（背面）
C口袋裡布（背面）
C口袋
（正面）
1
1
①正面相對車縫，
並燙開縫份。
①正面相對
車縫，並
燙開縫份。
C口袋裡布（背面）
③依照P.25作法
接縫拉鍊。
C口袋（正面）
拉鍊
（正面）
拉鍊
（背面）
C口袋
（正面）
C口袋裡布
（背面）
正面相對
裡側身
（正面）
④
車縫。
C口袋（正面）
1
④
車縫。
裡側身
（背面）
裡側身
（背面）
1.5
裡袋底
（正面）
C口袋
（正面）
裡
側身
（背面）
裡
側身
（背面）
1
1
⑤車縫縫份1cm。
正面相對
⑥接縫前片、後片、側身
與袋底，並於後片預留返口。
前片裡布（背面）
後片裡布（背面）
返
口
10
cm
裡袋底（背面）
裡側身
（背面）
5 正面相對疊合並車縫表袋＆裡袋
正面相對
1
車縫。
表袋（背面）
4
後片裡布（背面）
裡側身
（背面）
返
口
10
cm
燙開縫份
※翻至正面
並縫合
返口。
完成圖
車縫
0.2
15
圓環吊飾
布標
1
2
8
21

A5萬用收納包

[Photo P.44]
原寸紙型B面＜S＞1腰帶、2內口袋C

●完成尺寸
寬16.5×高24cm

【材料】
棉布（autumn forest）70×65cm、滌棉絨布（咖啡色）45×30cm、棉布（PETIT-flower・點點）各14×10cm、厚接著襯37×28cm、薄接著襯55×80cm、寬度3cm的棉織帶8cm、寬度3cm的刺繡織帶10cm

裁布圖

棉布（autumn forest）

本體（1片）33×24、內口袋B（1片）26×24、內口袋D（1片）16.5×28、內口袋E（1片）16.5×24、內口袋F（1片）10.5×14、內口袋C表布（1片）、C裡布（1片）、70×65

滌棉絨布（咖啡色）

裡布A（2片）16.5×24、45×30

棉布（PETIT-flower・點點）

腰帶（各1片）14×10

※裡的數字為縫份，除此之外縫份皆為1cm。
※　部分貼上接著襯。
本體…厚接著襯
本體之外…薄接著襯

1 於本體接縫腰帶＆腰帶固定布

〈腰帶固定布〉
棉織帶 3、8；刺繡織帶（背面）10
❶摺疊1cm。❷車縫 0.2；刺繡織帶（正面）

〈腰帶〉
正面相對 ①摺疊1cm。（背面）返口
②翻至正面。③疏縫固定。
本體（正面）❸車縫 9、3.5、8、1、0.2、9；腰帶（正面）0.5、0.2；腰帶固定布（正面）

2 製作裡布（左）

二摺邊後車縫 1；E（背面）
※B・D以相同方式製作。
E（正面）F 3
※F的作法請見P.71。
A（正面）、D（正面）0.5、F（正面）、E（正面）疏縫固定

3 製作裡布A（右）

C裡布（背面）1 車縫
翻至正面
C表布（正面）車縫 0.2
A（正面）B（正面）疏縫固定 C（正面）0.5 0.5

4 將兩片裡布A正面相對疊合

A左（正面）1 正面相對 A右（背面）車縫

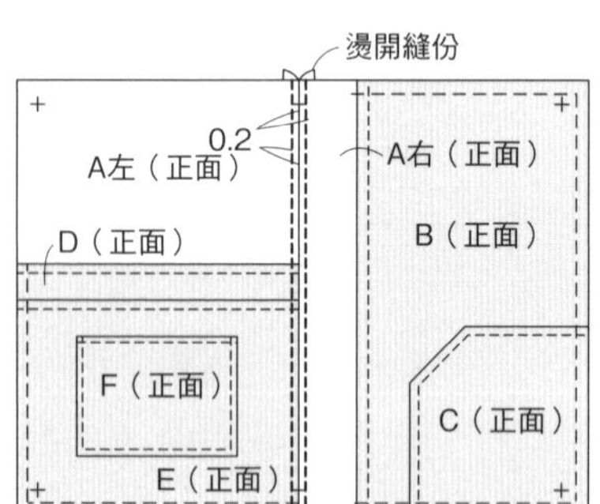

燙開縫份
0.2
A左（正面）
A右（正面）
D（正面）
B（正面）
F（正面）
C（正面）
E（正面）

5 正面相對疊合本體&裡布

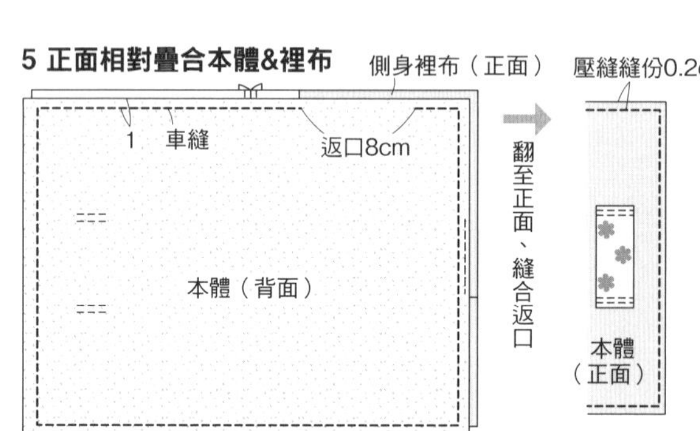

側身裡布（正面）
1 車縫
返口8cm
本體（背面）
翻至正面、縫合返口
壓縫縫份0.2cm
本體（正面）

完成圖

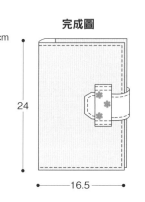

24、16.5

移動式口袋

［Photo P.45］
原寸紙型B面＜T＞1袋蓋、2裡布、3面紙格

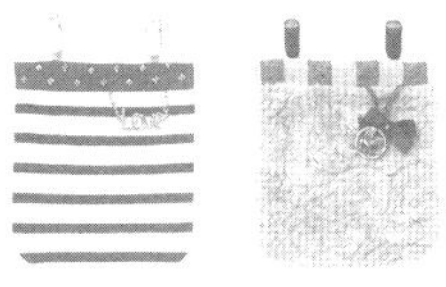

●完成尺寸
寬14×高15cm

【材料】橫條紋／皮草
法式橫條紋針織布／絨鼠皮草20×20cm、棉布（印花）／亞麻布（直條紋）40×30cm、彩色亞麻布（檸檬泡泡）／棉麻學生布（芥末黃色）45×40cm
＜共用＞接著襯35×35cm、寬度1cm的羅紋緞帶20cm／40cm、直徑1.8cm的磁釦（AK25-18／INAZUMA）1組、魔鬼氈2.5×1.5cm、布標1片、口袋包用固定夾1組、喜歡的吊飾1個、鍊條適量

裁布圖

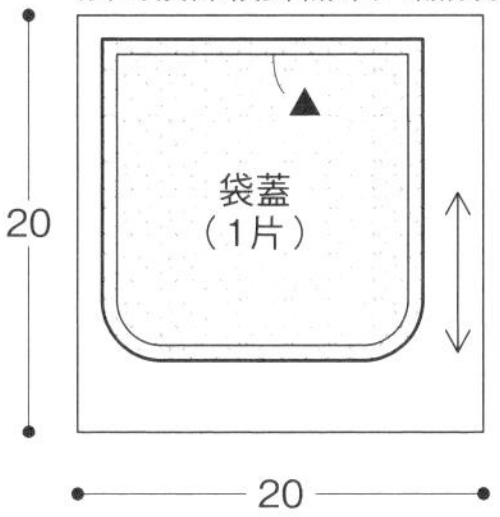

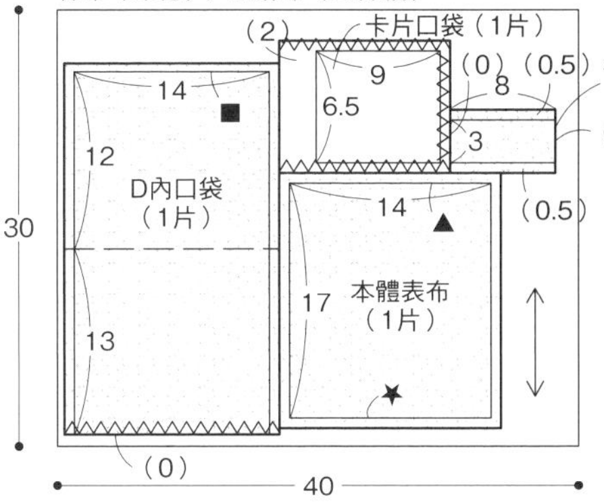

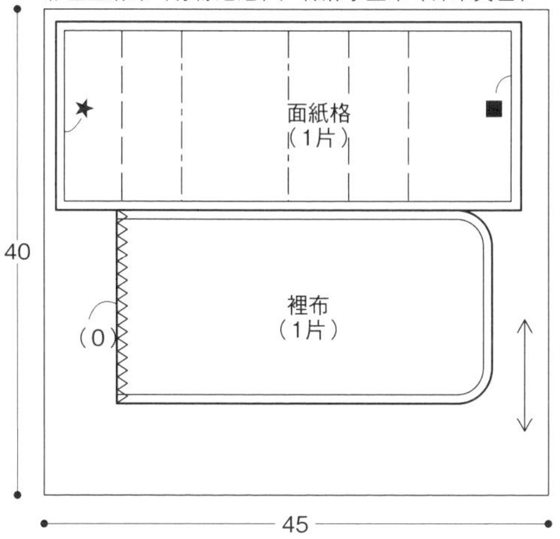

法式橫條紋針織布／絨鼠皮草
20 袋蓋（1片） 20

棉布（印花）／亞麻布（直條紋）
30 (2) 卡片口袋（1片） 9 6.5 (0) (0.5) 布標（1片） 8 3 (0) 14 12 D內口袋（1片） 13 14 17 本體表布（1片） (0.5) (0) 40

彩色亞麻布（檸檬泡泡）／棉麻學生布（芥末黃色）
40 面紙格（1片） 裡布（1片） (0) 45

※依照橫條紋／皮草的順序標記。
※（　）裡的數字為縫份，除此之外縫份皆為1cm。
※　部分僅橫條紋需貼上接著襯。
※ VVV 的部份以Z字縫處理。

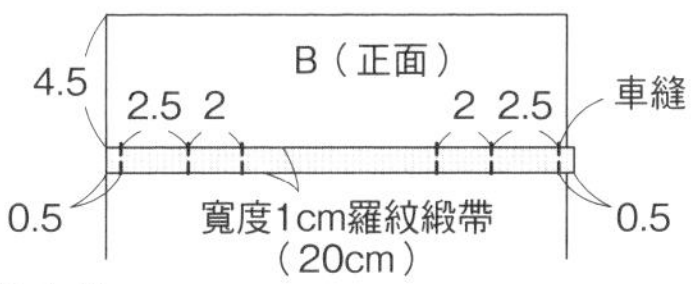

B（正面） 4.5 2.5 2 2 2.5 車縫 0.5 0.5 寬度1cm羅紋緞帶（20cm）

1 將袋蓋至內口袋正面相對車縫

壓平縫份
※面紙格＆內口袋事先以熨斗壓燙出褶痕。
袋蓋（正面） 本體表布（正面） 山線 谷線 面紙格（正面） 谷線 山線 山線 內口袋（正面） 摺山

2 製作裡布

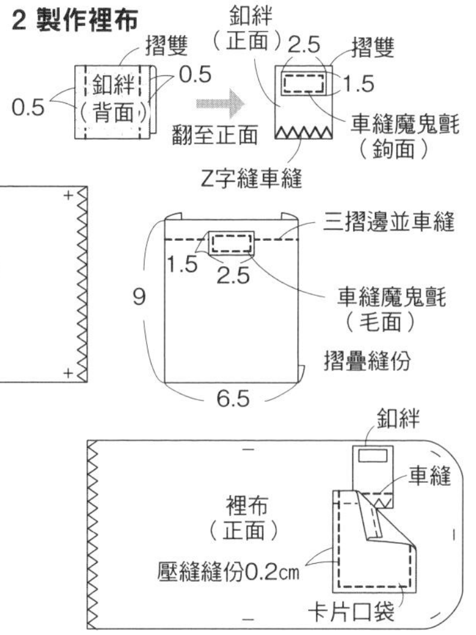

釦絆（背面） 摺雙 0.5 0.5 翻至正面 釦絆（正面） 2.5 摺雙 1.5 車縫魔鬼氈（鉤面） Z字縫車縫
三摺邊並車縫 1.5 2.5 9 車縫魔鬼氈（毛面） 摺疊縫份 6.5
釦絆 車縫 裡布（正面） 壓縫縫份0.2cm 卡片口袋

3 表布＆裡布正面相對疊合

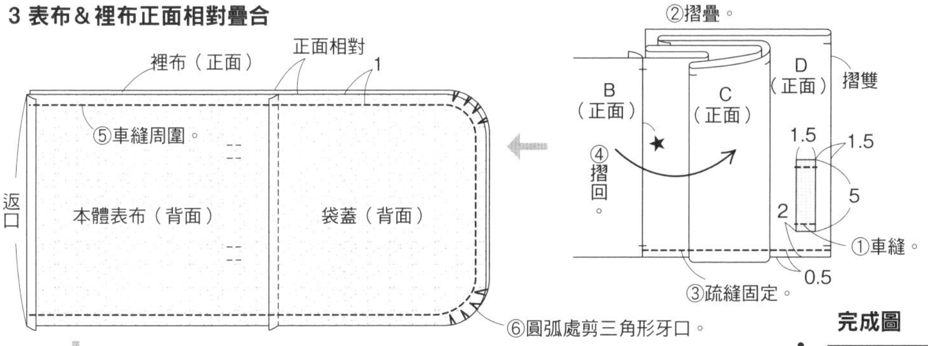

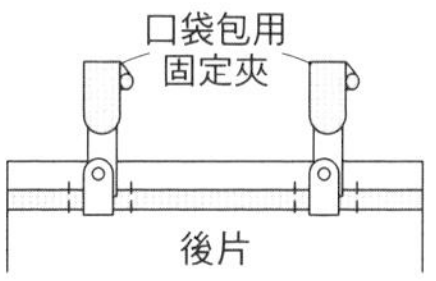

裡布（正面） 正面相對 1 ⑤車縫周圍。 返口 本體表布（背面） 袋蓋（背面） ⑥圓弧處剪三角形牙口。
②摺疊。 B（正面） C（正面） D（正面） 摺雙 ④摺回。 1.5 1.5 5 2 ①車縫。 ③疏縫固定。 0.5
⑦翻至正面並縫合返口。
⑧於縫線上壓縫。 本體表布（正面） 袋蓋（正面）
磁釦（母釦） 面紙格（正面） 內口袋（正面） 口袋開口 裡布（正面） 磁釦（公釦）

口袋包用固定夾 後片

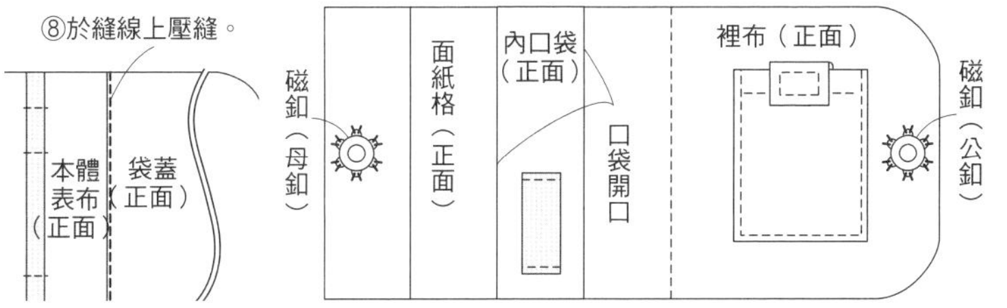

完成圖

鍊條 吊飾 15 14
鍊條 將羅紋緞帶（20cm）打結 吊飾

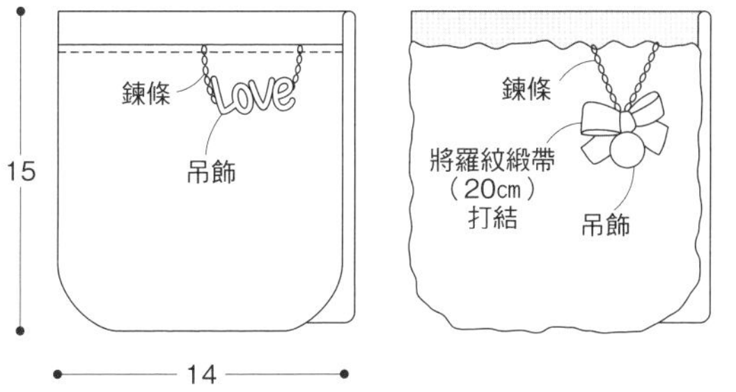

水壺袋

［Photo P.46］

原寸紙型B面<U>1表袋底·裡袋底

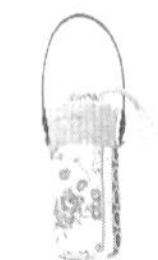

●完成尺寸

底7.5×高19.5cm

【材料】

棉布（花朵印花）30×15cm、棉布（民族風印花）10×15cm、亞麻布（波浪邊緣）10×30cm、亞麻布（廚房拭布）70×20cm、接著棉襯40×15cm、皮革提把（BM-3825A／INAZUMA）1組、寬度6cm的亞麻繩50cm、寬度1.2cm的織帶10cm、寬度0.5cm的亞麻織帶15cm、內徑1.2cm的D型環2個

裁布圖

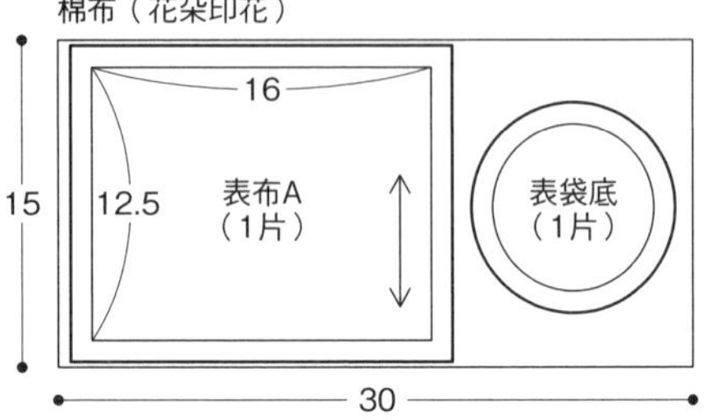

棉布（花朵印花）
16
15
12.5
表布A
（1片）
表袋底
（1片）
30

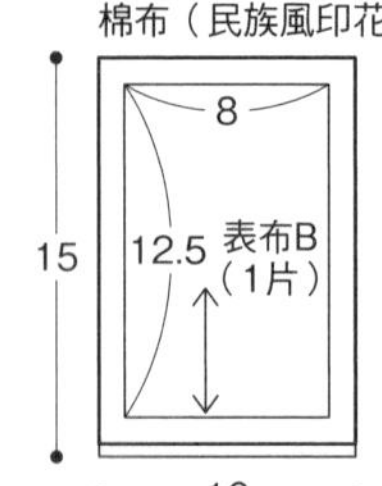

棉布（民族風印花）
8
15
12.5
表布B
（1片）
10

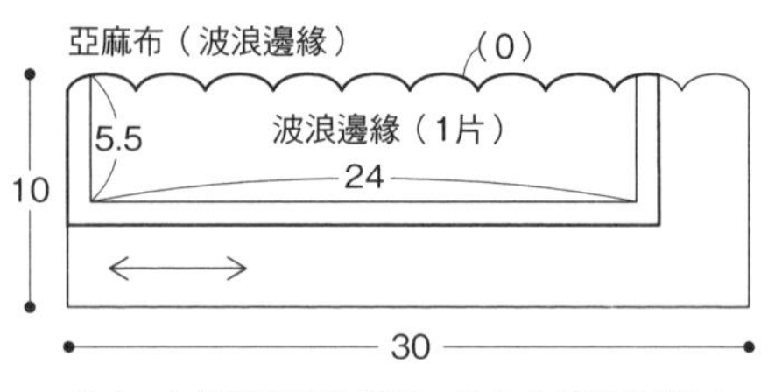

亞麻布（波浪邊緣）
(0)
5.5
波浪邊緣（1片）
24
10
30

※（　）裡的數字為縫份，除此之外縫份皆為1cm。

※　　部分貼上接著棉襯。

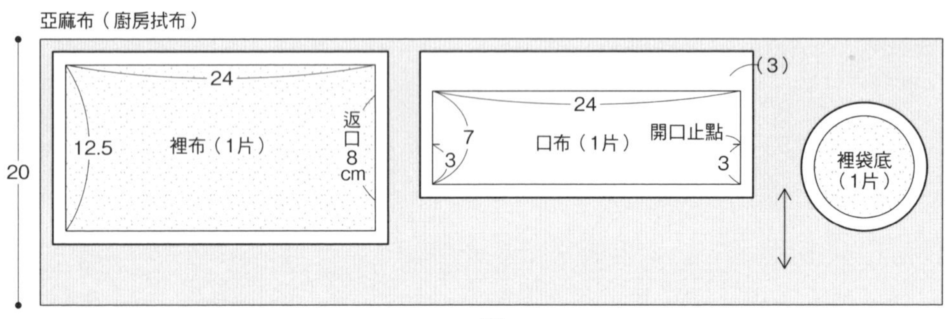

亞麻布（廚房拭布）
24
12.5
裡布（1片）
返口8cm
20
(3)
24
7
3
口布（1片）
開口止點
3
裡袋底
（1片）
70

1 車縫波浪邊緣

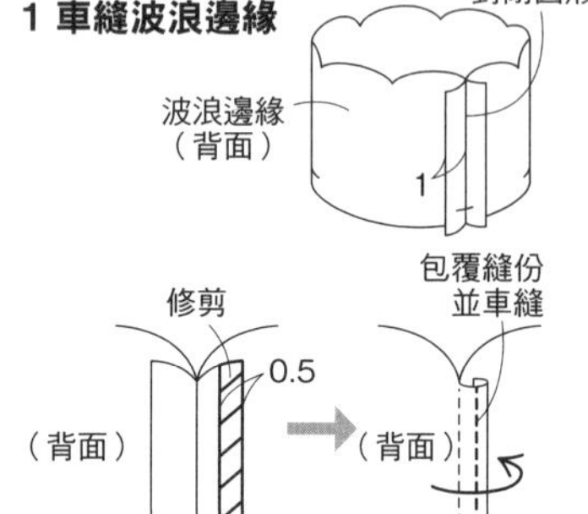

車縫成
封閉圓形
波浪邊緣
（背面）
1
修剪
0.5
（背面）
包覆縫份
並車縫
（背面）

2 製作表袋

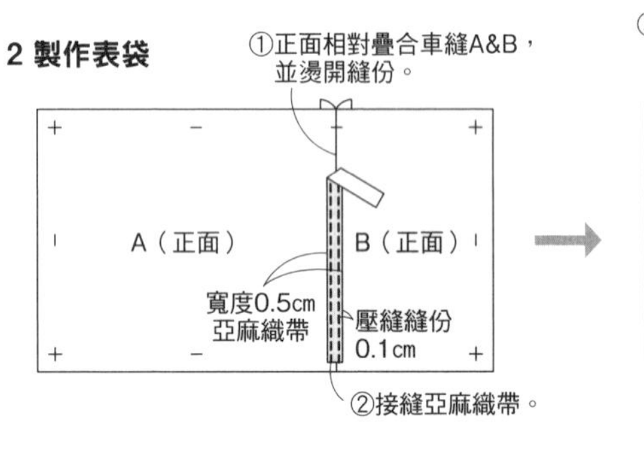

①正面相對疊合車縫A&B，
並燙開縫份。
A（正面）
B（正面）
寬度0.5cm
亞麻織帶
壓縫縫份
0.1cm
②接縫亞麻織帶。

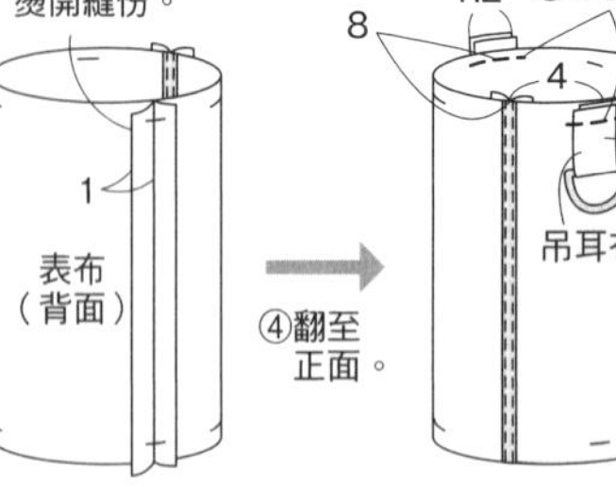

③車縫封閉圓形，
燙開縫份。
1
表布
（背面）
④翻至
正面。

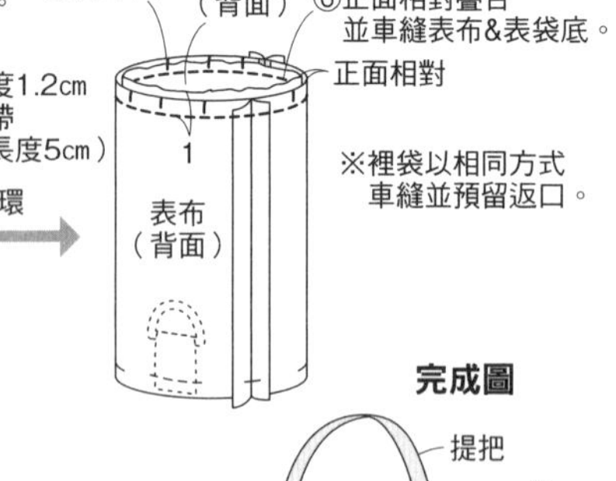

1.2
⑤車縫吊耳布。
8
4
寬度1.2cm
織帶
（長度5cm）
吊耳布
D型環
⑦剪牙口。
表袋底
（背面）
⑥正面相對疊合
並車縫表布&表袋底。
正面相對
1
表布
（背面）

※裡袋以相同方式車縫並預留返口。

3 製作口布

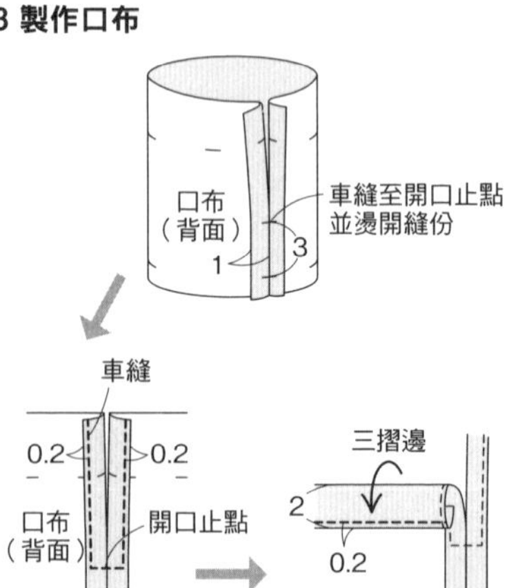

口布
（背面）
車縫至開口止點
並燙開縫份
3
1
車縫
0.2
0.2
口布
（背面）
開口止點
三摺邊
2
0.2

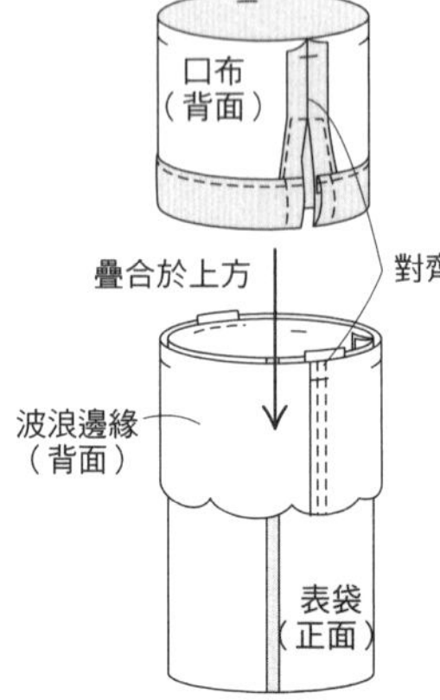

口布
（背面）
疊合於上方
對齊縫線
波浪邊緣
（背面）
表袋
（正面）

4 縫合表袋&裡袋

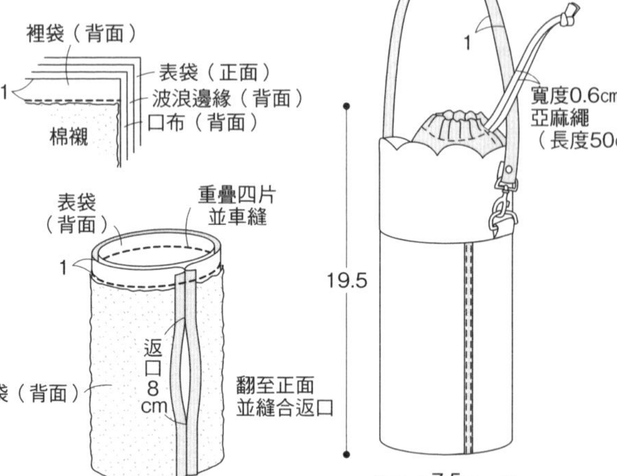

裡袋（背面）
表袋（正面）
1
波浪邊緣（背面）
口布（背面）
棉襯
表袋
（背面）
重疊四片
並車縫
1
返口8cm
翻至正面
並縫合返口
裡袋（背面）
完成圖
提把
1
寬度0.6cm
亞麻繩
（長度50cm）
19.5
7.5

車票夾

[Photo P.46]

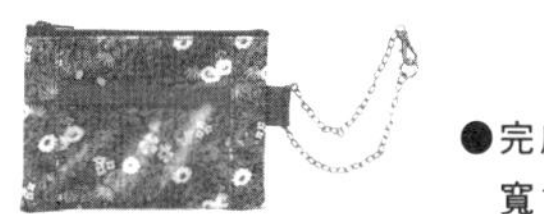

●完成尺寸
寬13×高9cm

【材料】
防水布（LIBERTY印花）40×15cm、透明塑膠布15×8cm、寬度1cm的滾邊斜布條12cm、寬度2cm的麂皮革帶5cm、長度20cm的拉鍊1條、鍊條23cm、問號鉤1個、C圈2個、接環1個

裁布圖

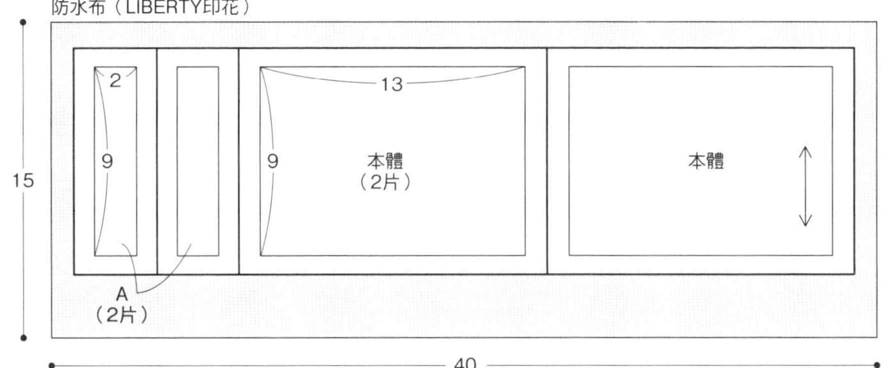

防水布（LIBERTY印花）
2
9
A
（2片）
13
9
本體
（2片）
本體
15
40

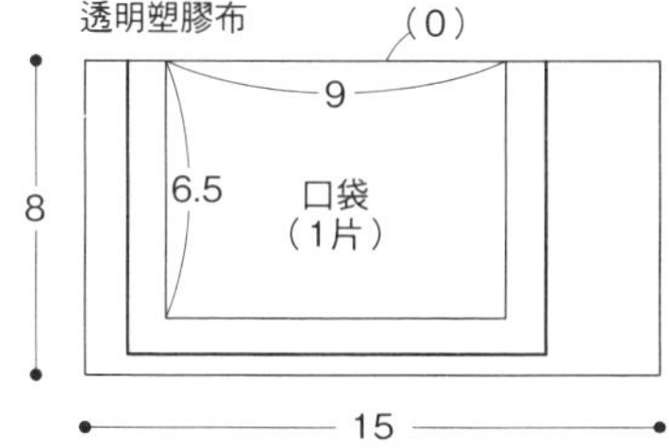

透明塑膠布
（0）
9
6.5
口袋
（1片）
8
15

※（ ）裡的數字為縫份，
除此之外縫份皆為1cm。
＊由於無法使用珠針，
因此請使用強力夾或疏縫膠布固定。
＊縫紉機請使用防水布專用壓布腳。

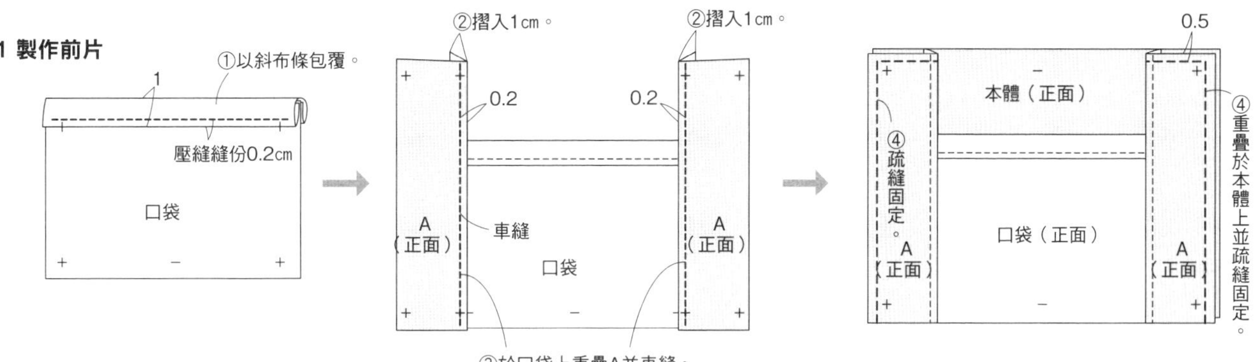

1 製作前片
①以斜布條包覆。
1
壓縫縫份0.2cm
口袋
②摺入1cm。
0.2
A
（正面）
車縫
口袋
③於口袋上重疊A並車縫。
0.5
本體（正面）
④疏縫固定。
④重疊於本體上並疏縫固定。
口袋（正面）

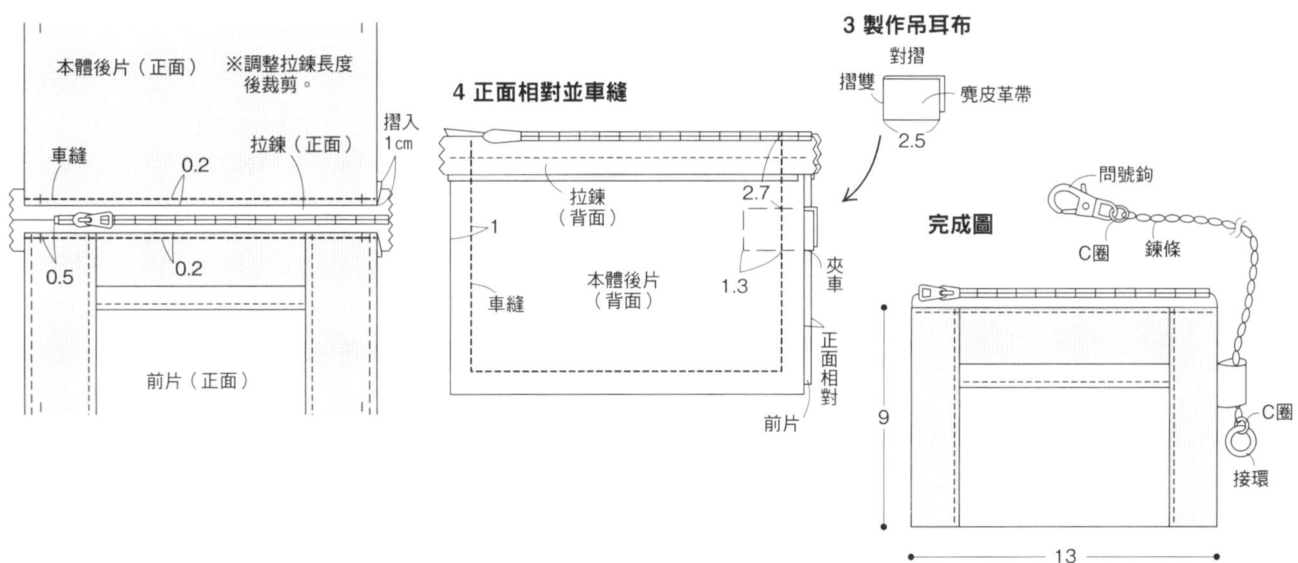

2 接縫拉鍊
本體後片（正面）
※調整拉鍊長度後裁剪。
摺入1cm
車縫
0.2
拉鍊（正面）
0.5
前片（正面）
4 正面相對並車縫
拉鍊（背面）
1
2.7
1.3
本體後片（背面）
車縫
夾車
正面相對
前片
3 製作吊耳布
對摺
摺雙
麂皮革帶
2.5
完成圖
問號鉤
C圈
鍊條
C圈
接環
9
13

輕・布作 34

實用度最高！設計感滿點の手作波奇包

授　　權／日本VOGUE社
譯　　者／周欣芃
社　　長／詹慶和
總 編 輯／蔡麗玲
執行編輯／黃璟安
特約編輯／李盈儀
編　　輯／蔡毓玲・劉蕙寧・陳姿伶・白宜平・李佳穎
執行美編／韓欣恬
美術編輯／陳麗娜・周盈汝・翟秀美
內頁排版／造極
出 版 者／Elegant-Boutique新手作
發 行 者／悅智文化事業有限公司
郵政劃撥帳號／19452608
戶　　名／悅智文化事業有限公司
地　　址／220新北市板橋區板新路206號3樓
電　　話／(02)8952-4078
傳　　真／(02)8952-4084
網　　址／www.elegantbooks.com.tw
電子信箱／elegant.books@msa.hinet.net

2016年05月初版一刷　定價／350元

經銷／高見文化行銷股份有限公司
地址／新北市樹林區佳園路二段70-1號
電話／0800-055-365　　傳真／(02)2668-6220

國家圖書館出版品預行編目資料(CIP)資料

實用度最高!設計感滿點の手作波奇包 / 周欣芃譯. -- 初版. -- 新北市：新手作出版：悅智文化發行, 2016.05
面；　公分. -- (輕布作；34)
譯自：実用派バッグとポーチ
ISBN 978-986-92735-4-1(平裝)

1.手提袋 2.手工藝

426.7　　105004204

Design & make

赤峰清香：http://akamine-sayaka.com/
flico 岡田桂子： http://flico-clothing.jp/
sewsew 新宮麻里：http://blog.goo.ne.jp/sewsew1
mini-poche 米宮亜里：http://minipoche.cocolog-nifty.com/
LUNANCHE 田中智子：http://www6.plala.or.jp/natural_tw/
yu*yu おおのゆうこ：http://blog.goo.ne.jp/yu-yu-rainbow
Love*Lemoned*：http://lovelemon0.blog120.fc2.com/
mocha 茂住結花：http://www.geocities.jp/jymoz/
komihinata 杉野未央子：http://blog.goo.ne.jp/komihinata
Needlework Tansy 青山恵子：http://www.needlework-tansy.com

Staff

攝　　影／白井由香里・森谷則秋(去背、步驟)・岡崎孝二(去背)
設　　計／田中公子（TenTen Graphics）
造　　型／田中まき子
模 特 兒／平地レイ
作法解說／鈴木さかえ
繪　　圖／株式會社ウエイド手藝製作部
紙型繪圖、配置／八文字則子
編　　輯／加藤みゆ紀

工具協力

CLOVER(株)、タカギ繊維(株)、(株)角田商店

提把、配件協力

植村(株)(INAZUMA)：http://www.inazuma.biz/
(株)KAWAGUCHI：http://www.kwgc.co.jp/
日本紐釦貿易(株)：http://www.nippon-chuko.co.jp/

素材協力

エクステリアルファーショップ、
CABBAGES & ROSES渉谷ヒカリエShinQs店、
清原(株)、ソレイユ、(株)デコレクションズ、中商事(株)(fabric bird)、
Nu:Hand Works(ヌウハンドワークス)、(株)フジックス、
北歐雜貨　空、(株)ホームクラフト、布の通販プレドゥ(Pres-de)、
ホビーラホビーレ、メルシー、mercrie de ambience、Liberte

雅書堂 EB 新手作
雅書堂文化事業有限公司
22070新北市板橋區板新路206號3樓
facebook 粉絲團:搜尋 雅書堂
部落格 http://elegantbooks2010.pixnet.net/blog
TEL:886-2-8952-4078 · FAX:886-2-8952-4084

輕·布作 21

超簡單x超有型－自己作日日都好背の大布包35款
BOUTIQUE-SHA◎著
定價280元

輕·布作 22

零碼布裝可愛！超可愛小布包×雜貨飾品×布小物——最實用手作提案CUTE.90
BOUTIQUE-SHA◎著
定價280元

輕·布作 23

俏皮&可愛·so sweet！愛上零碼布作の41個手縫布娃娃
BOUTIQUE-SHA◎著
定價280元

輕·布作 24

簡單x好作·初學35枚和風布花設計
福清◎著
定價280元

輕·布作 25

從基本款開始學作61款手作包
自己輕鬆作簡單&可愛の收納包
BOUTIQUE-SHA◎著
定價280元

輕·布作 26

製作技巧大破解！一作就愛上の可愛口金包
日本ヴォーグ社◎授權
定價320元

輕·布作 28

實用滿分·不只是裝可愛！
肩背&手提okの大容量口金包手作提案30選
BOUTIQUE-SHA◎授權
定價320元

輕·布作 29

超圖解！個性&設計感十足の94枚可愛布作徽章×別針×胸花×小物
BOUTIQUE-SHA◎授權
定價280元

輕·布作 30

簡單·可愛·超開心手作！
袖珍包兒×雜貨の迷你布作小世界
BOUTIQUE-SHA◎授權
定價280元

輕·布作 31

BAG & POUCH·新手簡單作！
一次學會25件可愛布包&波奇小物包
日本ヴォーグ社◎授權
定價300元

輕·布作 32

簡單才是經典！自己作35款開心背著走的手作布
BOUTIQUE-SHA◎授權
定價280元

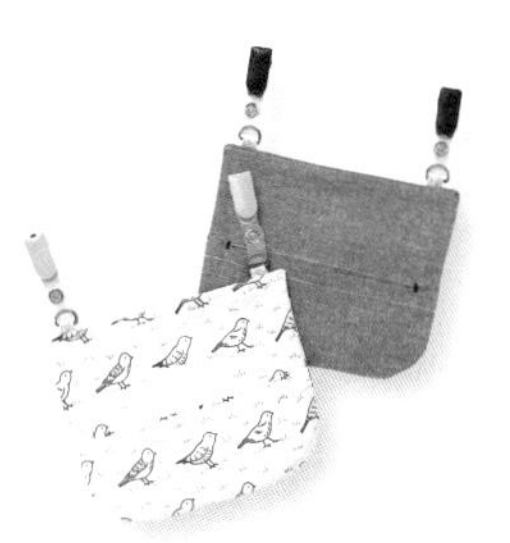